国家出版基金项目
NATIONAL PUBLICATION FOUNDATION

"十三五"国家重点出版物出版规划项目·重大出版工程

高超声速出版工程

固体火箭超燃冲压发动机技术

夏智勋　马立坤　冯运超　黄利亚
吕　仲　赵　翔　李潮隆　　著

科学出版社

北　京

内 容 简 介

本书首先对以固体推进剂为燃料的几种超燃冲压发动机进行概述,着重阐述固体火箭超燃冲压发动机的基本概念、发展现状及性能特点;其次介绍固体火箭超燃冲压发动机的理论性能分析方法,并针对飞行工况、推进剂类型等对发动机性能的影响展开分析;再次分别讨论固体火箭超燃冲压发动机内流场的数值仿真方法和发动机地面直连实验方法;最后介绍了一种组合式固体超燃冲压发动机,并对其性能进行了分析。

本书适合从事高超声速推进技术、先进固体发动机技术的科研人员阅读,也可供航空宇航推进理论与工程专业的高年级本科生和研究生阅读。

图书在版编目(CIP)数据

固体火箭超燃冲压发动机技术 / 夏智勋等著. —北京:科学出版社,2021.10

高超声速出版工程 "十三五"国家重点出版物出版规划项目 重大出版工程 国家出版基金项目

ISBN 978-7-03-069610-6

Ⅰ. ①固… Ⅱ. ①夏… Ⅲ. ①固体推进剂火箭发动机—研究 Ⅳ. ①V435

中国版本图书馆 CIP 数据核字(2021)第 176192 号

责任编辑:徐杨峰 / 责任校对:谭宏宇
责任印制:黄晓鸣 / 封面设计:殷 靓

斜 学 出 版 社 出版

北京东黄城根北街 16 号
邮政编码:100717
http://www.sciencep.com

南京展望文化发展有限公司排版

广东虎彩云印刷有限公司印刷
科学出版社发行 各地新华书店经销

*

2021 年 10 月第 一 版 开本:B5(720×1000)
2025 年 1 月第七次印刷 印张:10
字数:170 000

定价:100.00 元
(如有印装质量问题,我社负责调换)

高超声速出版工程·高超声速推进与动力系列
编写委员会

主　编
谭永华

副主编
沈　清　蔡国飙　孙明波

编　委
（按姓名汉语拼音排序）

白菡尘　蔡国飙　常军涛　方文军　何国强

李光熙　刘卫东　沈　清　孙明波　谭慧俊

谭永华　王　兵　王　珏　王健平　夏智勋

徐　旭　徐惊雷　尤延铖　张新宇　赵庆军

郑日恒

丛书序

飞得更快一直是人类飞行发展的主旋律。

1903 年 12 月 17 日,莱特兄弟发明的飞机腾空而起,虽然飞得摇摇晃晃,犹如蹒跚学步的婴儿,但拉开了人类翱翔天空的华丽大幕;1949 年 2 月 24 日,Bumper-WAC 从美国新墨西哥州白沙发射场发射升空,上面级飞行马赫数超过 5,实现人类历史上第一次高超声速飞行。从学会飞行,到跨入高超声速,人类用了不到五十年,蹒跚学步的婴儿似乎长成了大人,但实际上,迄今人类还没有实现真正意义的商业高超声速飞行,我们还不得不忍受洲际旅行需要十多个小时甚至更长飞行时间的煎熬。试想一下,如果我们将来可以在两小时内抵达全球任意城市,这个世界将会变成什么样? 这并不是遥不可及的梦!

今天,人类进入高超声速领域已经快 70 年了,无数科研人员为之奋斗了终生。从空气动力学、控制、材料、防隔热到动力、测控、系统集成等,在众多与高超声速飞行相关的学术和工程领域内,一代又一代科研和工程技术人员传承创新,为人类的进步努力奋斗,共同致力于达成人类飞得更快这一目标。量变导致质变,仿佛是天亮前的那一瞬,又好像是蝶即将破茧而出,几代人的奋斗把高超声速推到了嬗变前的临界点上,相信高超声速飞行的商业应用已为期不远!

高超声速飞行的应用和普及必将颠覆人类现在的生活方式,极大地拓展人类文明,并有力地促进人类社会、经济、科技和文化的发展。这一伟大的事业,需要更多的同行者和参与者!

书是人类进步的阶梯。

实现可靠的长时间高超声速飞行堪称人类在求知探索的路上最为艰苦卓绝的一次前行,将披荆斩棘走过的路夯实、巩固成阶梯,以便于后来者跟进、攀登,意义深远。

以一套丛书,将高超声速基础研究和工程技术方面取得的阶段性成果和宝贵经验固化下来,建立基础研究与高超声速技术应用之间的桥梁,为广大研究人员和工程技术人员提供一套科学、系统、全面的高超声速技术参考书,可以起到为人类文明探索、前进构建阶梯的作用。

2016 年,科学出版社就精心策划并着手启动了"高超声速出版工程"这一非常符合时宜的事业。我们围绕"高超声速"这一主题,邀请国内优势高校和主要科研院所,组织国内各领域知名专家,结合基础研究的学术成果和工程研究实践,系统梳理和总结,共同编写了"高超声速出版工程"丛书,丛书突出高超声速特色,体现学科交叉融合,确保丛书具有系统性、前瞻性、原创性、专业性、学术性、实用性和创新性。

这套丛书记载和传承了我国半个多世纪尤其是近十几年高超声速技术发展的科技成果,凝结了航天航空领域众多专家学者的智慧,既可供相关专业人员学习和参考,又可作为案头工具书。期望本套丛书能够为高超声速领域的人才培养、工程研制和基础研究提供有益的指导和帮助,更期望本套丛书能够吸引更多的新生力量关注高超声速技术的发展,并投身于这一领域,为我国高超声速事业的蓬勃发展做出力所能及的贡献。

是为序!

2017 年 10 月

前　言

　　打破并保持人类吸气式飞行器速度纪录的 X－43A 采用液态氢气作为超燃冲压发动机燃料,但氢气的密度太低,难以应用于实用化的高超声速飞行器。因此,在 X－43A 计划之后,美国开展了以 X－51A 为代表的液体碳氢燃料超燃冲压发动机研制工作,目前已经接近工程实用化。采用固体推进剂的发动机在航空航天领域,尤其是导弹武器、快速响应发射系统等方面有着其独特的应用优势,因此继液体碳氢燃料超燃冲压发动机之后,固体燃料超燃冲压发动机成为另一个实用化发展热点。

　　早期,主要采用固体燃料超燃冲压发动机方案,即将固体推进剂直接浇筑在燃烧室壁面,高焓来流空气在流经推进剂表面时使推进剂分解、气化并燃烧。固体燃料超燃冲压发动机是结构最简单的吸气式高超声速推进系统,但也存在难以长时间稳定工作、发动机推力调节困难等不足。针对这些问题,作者所在课题组结合长期从事固体火箭(亚燃)冲压发动机的研究经验,提出了固体火箭超燃冲压发动机方案。在固体火箭超燃冲压发动机中,贫氧固体推进剂在燃气发生器内发生一次自维持燃烧,产生的富燃燃气进入超声速燃烧室后再与空气进行二次燃烧,进一步释放能量。在该方案中,推进剂的一次燃烧与来流空气状态解耦,因此可适应较宽的速域、空域,并且可较为方便地实现发动机推力调节。作者所在课题组于 2015 年成功开展了世界范围内的首次固体火箭超燃冲压发动机飞行试验,验证了方案的合理性。近年来,固体火箭超燃冲压发动机技术获得了国内外相关研究单位的广泛关注,本书主要介绍作者所在课题组在固体火箭超燃冲压发动机技术方面的研究成果。

　　第 1 章简要介绍超燃冲压发动机尤其是固体燃料超燃冲压发动机的发展历

程,分析三种不同的固体燃料超燃冲压发动机方案的基本原理、性能特点以及研究现状。

第2章为发动机理论性能分析。理论性能计算可以帮助研究人员评估发动机的理论性能极限,进而开展初步设计和参数优化。掌握发动机性能的影响因素及变化规律,可为发动机优化设计、推进剂配方选择等提供理论依据和指导。该章首先通过热力计算方法建立固体火箭超燃冲压发动机理论性能分析模型,然后利用该模型分析马赫数、飞行高度等飞行工况参数以及推进剂类型、配方等参数对固体火箭超燃冲压发动机性能的影响规律。结果表明,相比液体燃料超燃冲压发动机,固体火箭超燃冲压发动机的比推力和体积比冲较高,但比冲有所降低。对于空间约束较强的飞行器,固体火箭超燃冲压发动机具有明显优势。在固体推进剂配方方面,金属的添加可增大燃料的能量密度,提高燃料的体积比冲。

第3章建立基于欧拉-拉格朗日框架的固体火箭超燃冲压发动机内流场数值计算方法,并与实验结果进行了对比校验,借助该方法可以详细分析富燃燃气射流方式、射流压力、射流角度、燃烧室空间尺寸以及台阶结构对燃烧室流场结构的影响,为固体火箭超燃冲压发动机燃烧组织优化提供依据。

第4章介绍固体火箭超燃冲压发动机地面直连实验系统以及实验数据处理方法,给出基于有限实验测量数据来评估发动机实时性能的方法,并结合实验数据对发动机性能影响因素进行分析。

第5章介绍一种结合固体火箭和固体燃料超燃冲压发动机方案的组合式固体超燃冲压发动机。固体火箭超燃冲压发动机超声速燃烧室内壁装药,一方面可有效利用超声速燃烧室空间,提供发动机加速度段所需的大推力;另一方面可作为导热屏障,对燃烧室壁面起到一定的热防护作用。本章主要利用数值计算方法对这种新型的组合式固体超燃冲压发动机进行分析。

在进行相关研究和本书的成稿过程中,刘冰研究员、王德全副研究员、陈斌斌讲师以及课题组多位博士、硕士研究生给予了大量指导和帮助,在此一并表示感谢。

限于作者水平,本书可能存在不足之处,恳请读者提出宝贵意见。

作　者

2021 年 5 月

高超声速出版工程

目　录

第3章　发动机内流场数值仿真及影响因素研究

参 考 文 献

第 1 章

绪　　论

1.1　超燃冲压发动机

飞行速度的不断提升是飞行器发展过程中长期追求的目标。飞行速度的提升可以缩短飞行时间,提高战争中的主动性和快速反应能力,增强武器装备的作战效能和攻击力,提升飞行器进入太空的能力等。大气层内的高超声速飞行是人类长期追求并已逐步实现的梦想。

高超声速飞行器大致分为三类,分别为空间轨道机动飞行器、助推-滑翔再入飞行器和吸气式高超声速飞行器[1-4]。

空间轨道机动飞行器以 X - 37B[5] 为代表,其采用火箭或其他组合循环发动机为动力,具有进入近地轨道和再入大气层进行滑翔的能力。空间轨道机动飞行器可在轨道长期驻留且具有机动变轨能力,可快速到达指定区域,进行监视、侦察、电磁干扰,主要用于快速部署及回收卫星、对地面及空中目标实行攻击等。

助推-滑翔再入飞行器以 HTV - 2[6] 为代表,其采用火箭等助推方式进入高空,然后无动力滑翔再入,通过反作用控制和气动控制两套控制系统联合控制飞行器实现机动飞行和全球快速到达。目前,此类飞行器主要用于高超声速导弹。

吸气式高超声速飞行器以 X - 43A[7,8]、X - 51A[9] 和 HyFly[10,11] 为代表,以超燃冲压发动机或其组合循环发动机为动力,可用于高超声速巡航导弹和组合循环动力空天飞机。

超燃冲压发动机是高超声速飞行器理想的动力装置,是实现高超声速巡航飞行的核心关键技术。超燃冲压发动机主要由进气道、隔离段、燃烧室和尾喷管组成。针对发动机各部件性能、各部件间的性能匹配,以及发动机的整体性能等问题,国内外学者已进行了大量的研究,并逐渐取得了显著的成果。X - 43A 和

X-51A 等飞行器飞行演示验证试验的成功,证实了超燃冲压发动机的实际可行性,标志着超燃冲压发动机技术研究已走出实验室环境,进入工程研制阶段,极大地激发了相关领域学者们的研究热情。

自 20 世纪 50 年代提出超燃冲压发动机这一概念以来,已经历了半个多世纪。2000 年以后,Curran 等[12]和 Fry[13]对超燃冲压发动机的研究成果进行了总结,超燃冲压发动机技术大致经历了以下几个研究阶段。

20 世纪 50 年代,主要是超燃冲压发动机概念提出及其可行性验证。1958 年,Weber 等[14]对冲压发动机在 Ma 4~7 范围内的工作性能进行了理论分析,指出超燃冲压发动机的性能在 Ma 7 以上具有较大优势。同年,美国的 Ferri 等[15]通过实验实现了燃料在超声速(Ma 3)气流中的稳定燃烧,从此开始了超声速燃烧和超燃冲压发动机技术研究[16-18]。

20 世纪 60~70 年代,主要是以高超声速飞行器为应用背景的氢燃料超燃冲压发动机技术研究。美国国家航空航天局开展了高超声速研究发动机(hypersonic research engine,HRE)计划。约翰斯·霍普金斯大学应用物理实验室开展了超燃冲压发动机导弹(supersonic combustion ramjet missile,SCRAM)计划[19-21]。此阶段的研究主要以燃料点火及火焰稳定为主,在燃料射流方式、喷嘴结构形式、点火辅助方式、燃烧室构型等方面取得了大量的研究成果。

20 世纪 80~90 年代,是超燃冲压发动机研究的一个高潮时期。美国开展了国家空天飞机(national aerospace plane,NASP)计划,德国开展了"桑格尔"(Sanger)空天飞机计划[22-27]。以上两个计划受技术、经费等困难限制,最终相继中止,但为后续的研究积累了大量的经验。相比之下,俄罗斯在超燃冲压发动机技术方面取得了较大的研究进展,巴拉诺夫中央航空发动机研究所和茹科夫斯基中央空气流体力学研究院联合开展了"冷计划",于 1991~1998 年先后进行了 4 次飞行试验,获得了大量的双模态冲压发动机实验数据[28]。我国也陆续开展了超燃冲压发动机理论分析[29-31]工作,进行了基础实验[32-36]和数值仿真[37-42]研究。

20 世纪 90 年代至今,为超燃冲压发机技术模型发动机和工程研制阶段[43]。

美国已相继开展了可承担快速响应导弹演示(affordable rapid response missile demonstrator,ARRMD)计划、高超声速飞行器试验(Hyper-X)计划、高超声速技术(hypersonic technology,HyTech)计划和高超声速飞行(hypersonic flight,HyFly)计划等。其中,最受世人关注的莫过于 Hyper-X 计划中 X-43A 飞行器的飞行演示验证试验。2004 年 3 月和 11 月,X-43A 飞行器分别进行了两次飞行试验,先后实现了 $Ma\ 6.83$ 和 $Ma\ 9.68$ 受控飞行,创造了新的纪录,奠定了美国在超燃冲压发动机技术领域的领先地位,标志着超燃冲压发动机技术从实验室研究进入工程研制阶段。X - 43A 飞行器飞行试验的成功也极大地激发了相关领域学者的研究热情,吸引了更多学者的关注。

在碳氢燃料弹用超燃冲压发动机研制方面,美国开展了比较有影响的 HyFly 和 X - 51A 飞行试验。HyFly 计划是在美国海军研究实验室和美国国防部高级研究计划局的联合支持下进行的,目标是通过飞行试验验证碳氢燃料超燃冲压发动机动力系统。HyFly 飞行器采用轴对称构型,以双燃烧室超燃冲压发动机为动力,设计巡航高度 27 km、$Ma\ 6.5$。2004～2010 年,美国先后进行了 5 次 HyFly 飞行试验,均以失败告终。X - 51A 是一种高超声速导弹的缩比试验飞行器,采用碳氢燃料(JP - 7)主动冷却的超燃冲压发动机 SJX61 - 2 为动力装置。美国于 2010 年和 2011 年先后进行了两次有动力 X - 51A 飞行试验,采用吸热型碳氢燃料,飞行器由 $Ma\ 4.5$ 成功加速至 $Ma\ 5$ 以上,验证了碳氢燃料主动冷却超燃冲压发动机技术的可行性。

法国开展了 PREPHA 计划和 Promethee 计划,目的是研制以吸热型碳氢燃料双模态超燃冲压发动机为动力的高超声速巡航导弹。澳大利亚开展了 HyShot 计划,目的是开展超声速燃烧性能研究,并先后进行了 4 次飞行试验。日本提出了 Hope - X 计划,旨在开展可重复空间运输系统技术的研究。

我国陆续研制了大量的基础试验设备,开展了氢燃料和碳氢燃料的超燃冲压发动机技术研究,对进气道、隔离段、燃烧室、尾喷管,以及发动机系统进行了探索性研究,并取得了卓越的成果。

1.2　固体燃料超燃冲压发动机

在超燃冲压发动机技术研究早期,主要采用液氢燃料,随着发动机技术的不断发展和改进,逐渐改用航空煤油等碳氢燃料作为发动机的推进剂。采用固体燃料的超燃冲压发动机技术的相关研究相对较晚,20 世纪 90 年代后,以色列、美国等国家陆续开展了相关研究[44]。相对于使用液体燃料的发动机,使用固体燃料的发动机有大量优点:结构简单,制造及维护成本低;推进剂长期储存在发动机内部,作战反应时间迅速;推进剂能量密度高;发动机体积比冲高等。因此,采用固体燃料的超燃冲压发动机的飞行器在特定的飞行任务中具有独特的优势。

与液体燃料超燃冲压发动机类似,固体燃料超燃冲压发动机主要由进气道、隔离段、燃烧室和尾喷管三部分组成,只是燃料的储存、供给和燃烧室内的燃烧组织方式与液体燃料超燃冲压发动机有所不同。根据固体燃料的携带和燃烧组织方式,目前采用固体燃料的超燃冲压发动机构型大致可分三种[45,46],分别为内壁装药固体燃料超燃冲压发动机、双燃烧室固体燃料超燃冲压发动机和固体火箭超燃冲压发动机。

内壁装药固体燃料超燃冲压发动机结构简图如图 1.1 所示,固体推进剂粘贴或浇注于发动机的内壁,冲压空气经进气道压缩后进入超声速燃烧室,直接与固体燃料接触。固体燃料在超声速气流中热解,热解产物与空气掺混燃烧,燃烧产生的高温燃气流经尾喷管膨胀加速产生推力。

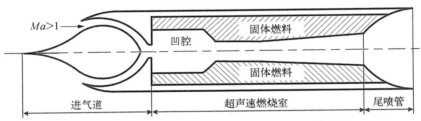

图 1.1 内壁装药固体燃料超燃冲压发动机结构简图

双燃烧室固体燃料超燃冲压发动机结构简图如图 1.2 所示,发动机有两个燃烧室,分别为亚声速燃烧室和超声速燃烧室,亚声速燃烧室主要用作燃气发生器。来流空气经进气道压缩后分为两股,分别进入超声速燃烧室和亚声速燃烧室。在亚声速燃烧室中,浇注或粘贴在壁面的固体燃料在亚声速气流中热解、燃烧,其工作过程与传统的固体燃料冲压发动机燃烧室相同,产生的富燃燃气进入超声速燃烧室,与超声速气流二次掺混燃烧,燃烧产生的高温燃气流经尾喷管膨胀加速后产生推力。

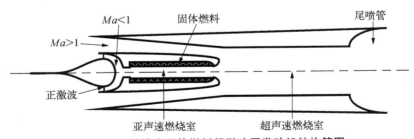

图 1.2 双燃烧室固体燃料超燃冲压发动机结构简图

固体火箭超燃冲压发动机结构简图如图 1.3 所示。贫氧固体燃料在燃气发生器中自维持燃烧,燃烧产生的富燃燃气进入超声速燃烧室,与超声速空气二次掺混燃烧,燃烧产生的高温燃气流经尾喷管膨胀加速后产生推力。

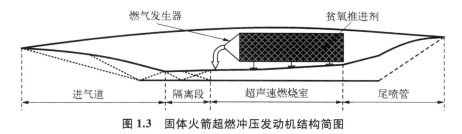

图 1.3　固体火箭超燃冲压发动机结构简图

1.2.1　内壁装药固体燃料超燃冲压发动机

采用固体燃料的超燃冲压发动机的关键技术是实现燃料在超声速气流中的点火和稳定燃烧。1989 年,美国的 Witt[47] 通过实验证实了固体燃料可以在超声速气流中燃烧,并提出了内壁装药固体燃料超燃冲压发动机燃烧室构型,其结构简图如图 1.4 所示,燃烧室壁面由固体燃料聚甲基丙烯酸甲酯(PMMA)制成,为轴对称结构,燃烧室前端设有凹腔。实验中来流空气总温为 917 K,经尾喷管膨胀至 Ma 1.5 后进入燃烧室。为维持固体燃料的稳定燃烧,在燃烧室中加入了少量的氢气。实验结果表明,固体燃料可以在超声速气流中燃烧,但点火及火焰稳定困难,燃烧室燃烧效率较低。

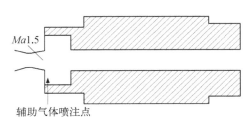

图 1.4　内壁装药固体燃料超燃冲压发动机
燃烧室结构简图

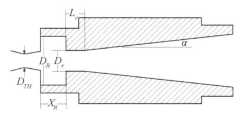

图 1.5　Angus 改进的超燃冲压发动机
燃烧室结构简图

D_{TH}:加热器喷管的喉径;X_R:凹腔段的长度;D_R:凹腔段的直径;D_r:等直段的直径;L_c:等直段的长度;α:扩张段的扩张角

1991 年,Angus[48] 在 Witt 的研究基础上进一步开展了超燃冲压发动机燃烧室实验,实验中改进了 Witt 采用的燃烧室构型,初步评估了超燃冲压发动机燃烧室的工作性能。改进后的燃烧室构型包括凹腔、等直段和扩张段三部分,如图 1.5 所示。实验中燃烧室入口空气参数为:总温 556 K、总压 1.0 MPa、*Ma* 1.5。实验中同样采用少量的氢气进行火焰稳定,实验结果表明,固体燃料的燃烧效率约为 57%,固体燃料超燃冲压发动机具有作为超声速导弹动力装置的潜能。

1994 年,以色列的 Ben-Yakar 等[49,50]在 Augus 的研究基础上改进了超燃冲压发动机燃烧室构型,改进后的燃烧室火焰稳定区由后向台阶、等直段和具有一定角度的前向台阶组成,结构简图如图 1.6 所示。在无外界辅助措施的情况下,改进后的燃烧室构型实现了固体燃料在超声速气流中的自维持燃烧。结合实验结果,给出了可自维持燃烧的燃烧室构型设计参数分布,如图 1.7 所示,图中数字为试验次数。实验中采用的固体燃料为 PMMA,燃烧室入口空气参数为:总温 1 200 K、总压 1.6 MPa、*Ma* 1.6。通过壁面压力数据和影像数据,记录燃面退移过程,给出了燃料退移速率和燃烧室内的型面变化特性,固体燃料的燃烧效率为 40%~50%。

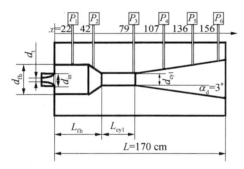

图 1.6 Ben-Yakar 等改进的超燃冲压发动机燃烧室结构简图

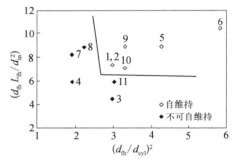

图 1.7 火焰稳定燃烧室构型设计参数分布

1998 年,如图 1.8 所示,Cohen-Zur 等[51]在 Ben-Yakar 等的基础上,通过实验研究了燃烧室入口参数和燃烧室几何参数对发动机性能的影响,拓宽了 Ben-Yakar 等及前人的研究范围。研究结果表明,燃烧室内流动和燃烧的特性受燃烧室入口条件的影响,在燃烧室工作前期,燃烧室内的流动状态可分为壅塞和非壅塞两种情况,后期,随着壁面的退移变为非壅塞状态。Cohen-Zur 等并结合壁面压力测量数据和影像数据,给出了

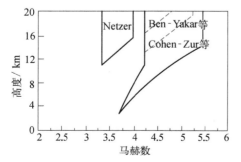

图 1.8 实验中模拟的飞行工况

燃料燃面退移速率与来流参数之间的拟合关系式。

早期研究中,所采用的固体燃料主要为 PMMA。PMMA 的主要优点如下:
① 力学性能好,易于加工;② 透明材料,易于观测。然而,PMMA 并不是一种理想的推进剂,因为燃料本身热值较低,且分子中含有大量的氧化剂(氧原子质量分数约为 32%)。冲压发动机中常用的固体推进剂主要分为两类[52,53]:一类为烃聚合物[54,55];另一类为添加金属燃料的碳氢固体推进剂。

2007 年,Saraf 等[56,57]采用添加金属铝的丁羟基燃料(HTPB)开展了固体燃料超燃冲压发动机燃烧室实验,实验系统及发动机燃烧室尺寸分别如图 1.9 和图 1.10 所示。实验对比分析了金属铝含量(20% 和 40%)对发动机性能的影响,研究结果表明,添加金属粉末后,固体推进剂的燃面退移速率增加,发动机比推力增加,但发动机比冲下降(实验测得发动机比推力和比冲分别为 500 N·s/kg 和 650 s)。

图 1.9　Saraf 等采用的实验系统

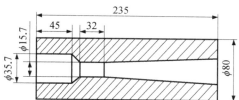

图 1.10　Saraf 等采用的实验发动机燃烧室尺寸(单位: mm)

Char 等[58]和 Hsu[59]采用激波管开展了固体燃料在超声速气流中的气化和点火实验,并对实验中不同时刻的流场结构进行了数值模拟。实验中将板状的固体燃料(HTPB)以一定的角度安装在激波管中,通过侧壁开窗观测固体燃料的气化和燃烧过程。Hsu 采用的实验系统简图如图 1.11 所示,实验前后固体燃料照片如图 1.12 所示。实验及数值计算结果表明,平板区的马赫数达到 1.25

(a) 测试区照片

(b) 激波管主要尺寸简图

图 1.11　Hsu 采用的实验系统简图(单位: mm)

后,流场中的温度可达到 1 100 K,固体燃料可以在超声速气流中气化并在短时间内点火燃烧。Hsu 的研究再一次证实了固体燃料可以在超声速气流中燃烧。

(a) 实验前   (b) 实验后

图 1.12 实验前后固体燃料照片

    早期关于固体燃料超声速燃烧和固体燃料超燃冲压发动机技术的研究主要以实验为主,数值计算研究相对较少。1990 年,Jarymowycz 等[60]在美国海军的资助下,基于传热控制理论研究了固体燃料(HTPB)在超声速气流中的燃速特性,所采用的二维数值计算模型如图 1.13 所示。高温超声速气流流过固体燃料表面,燃料的热解产物与空气形成气相扩散火焰。计算过程中假定在燃料边界上,燃料分解速度与燃料供给速度相同,气固相交界面恒定,对气固两相分别求解,通过气固相交界面上的质量和能量守恒将二者联系在一起。计算结果表明,燃烧室入口空气的压力和温度对固体燃料燃速影响较大,在发动机工作过程中,存在一个最优压力值使固体燃料燃速最大。

 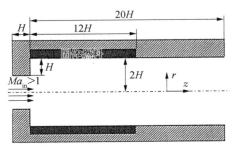

图 1.13 Jarymowycz 等采用的二维数值   **图 1.14 Ben-Arosh 等采用的燃烧室模型**
计算模型

    1999 年,Ben-Arosh 等[61,62]对固体燃料超燃冲压发动机燃烧室流场结构进行了数值模拟,计算采用的燃烧室模型如图 1.14 所示。计算过程与 Jarymowycz 等的方法相似,不同之处在于固体燃料热解的质量流量由燃速经验公式结合热交换量求解。数值计算结果表明,固体燃料可以在超声速流场中燃烧,燃烧主要发生在壁面附近的亚声速区域中。对于计算所采用的构型,理论燃烧效率可达70%~90%。

2009 年,意大利罗马大学的 Simone 等[63,64]首次提出将 LiH 作为燃料在超燃冲压发动机中使用。结果表明,LiH 自身有高能量密度,并且可安全、方便携带,可作为固体超燃冲压发动机的理想燃料。设计为 Ma 7 时,发动机比冲和比推力分别可达 1 000 s 和 200~300 N·s/kg。

2019 年,McDonald 等[65]通过热力计算的方式开展了不同燃料类型对发动机总冲量的影响研究,结果表明,在给定的几何条件下,使用低空燃比、低燃速和高密度的固体燃料可获得较高的发动机总冲量,这可以为工程应用优化和筛选合适的固体燃料类型提供一种新方法。

国内关于固体燃料超燃冲压发动机技术的研究相对较晚[66],2010 年前后,这个领域才逐渐引起国内学者的关注,中国航天科技集团公司第四研究院第四十一研究所(简称四院 41 所)、南京理工大学、北京理工大学和国防科技大学陆续开展了固体燃料超燃冲压发动机燃烧室数值模拟和实验研究。

国内早期的研究主要以数值计算为主,从数值计算方法考虑因素的复杂程度上来看,大致可分为三个阶段。第一阶段为不考虑燃料热解过程中准稳态分析的阶段[67-69],此阶段不考虑燃料的热解过程,固体燃料热解产物质量流量恒定,沿壁面均匀加质进入燃烧室,主要分析燃烧室构型参数对燃烧室内流场结构的影响。第二阶段为考虑燃烧热解过程准稳态分析的阶段[70,71],在此阶段,固体燃料热解产物质量流量受壁面热流的影响,考虑到燃烧室内温度分布对壁面加质的影响,主要分析燃烧室内流场对固体燃料的热解过程,以及燃烧室构型变化的影响。第三阶段为采用动网格技术的非稳态分析阶段[72],在此之前,主要通过准稳态计算结果计算壁面退移速率,然后重新绘制网格进行下一时刻的计算。动网格技术的引入,考虑了燃料热解过程和壁面退移过程的耦合影响,实现了燃烧室内流场结构在不同时刻的连续计算。

从研究的内容来看,早期研究主要以针对 Ben-Yakar 等的实验结果的分析为主,分析实验中不同时刻燃烧室内的流场结构,并在此基础上,分析燃烧室入口空气参数、燃烧室结构参数(包括凹腔形状和尺寸、不同区域的长度和高度等)对流场结构的影响。后期主要研究燃烧室入口空气参数、燃烧室结构参数对点火及火焰稳定的影响[72-76]。

在理论性能分析方面,北京理工大学的王利和等[77-82]在 Ben-Yakar 等提出的燃烧室流场分析方法的基础上,结合数值分析结果,提出了燃烧室流场准一维分析方法,并将其应用于燃烧室初始构型优化设计及流场参数分析。

四院 41 所[83]和北京理工大学先后开展了固体燃料超燃冲压发动机燃烧室实验研究。其中,四院 41 所采用的固体燃料为聚甲基丙烯酸甲酯(PMMA)和丁羟(HTPB)。实验采用的燃烧室构型如图 1.15 所示,燃烧室入口参数如下:总温 900 K、总压 1.57 MPa、Ma 1.43。实验再次确定了固体燃料可以在超声速气流中燃烧,研究得到的结论与 Ben-Yakar 等类似。

进气通道 转接头 进气喉道 壳体 固体药柱 后顶盖

图 1.15　四院 41 所采用的实验燃烧室构型

北京理工大学的李彪等[84,85]针对不同的燃烧室构型开展了一系列的实验研究,实验采用的燃烧室构型如图 1.16 所示,燃烧室入口参数如下:空气总温 1 600 K、总压 2.2 MPa、Ma 1.6。实验结果表明,台阶不适合作为固体燃料超燃冲压发动机的火焰稳定器。

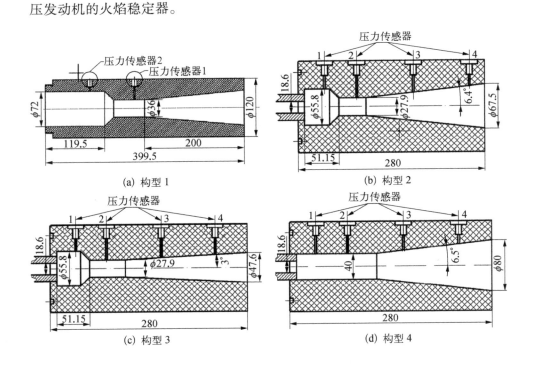

(a) 构型 1

(b) 构型 2

(c) 构型 3

(d) 构型 4

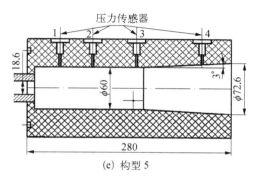

(e) 构型 5

图 1.16　燃烧室构型(单位：mm)

2018 年,国防科技大学的 Zhao 等[86]开展了在固体燃料冲压发动机燃烧室中使用高温富燃燃气促进点火稳焰的数值研究。在给定工况下,比较使用凹腔及通过喷射高温富燃燃气两种方式对燃烧室稳焰性能的影响,将燃烧效率、总压恢复系数、燃面退移速率作为综合评价指标,得出了高温富燃燃气稳焰性能优于凹腔稳焰的结论。

目前,国内实验研究所采用的加热器主要有两种类型,即电阻式加热器和燃烧型加热器。燃烧型加热器即采用燃烧补氧的方式使来流空气中的氧气含量与真实空气中接近,具有温度范围较宽、实验成本低、周期短、启动快等优点,但加热的空气成分与真实空气存在一定偏差。另外,如果燃烧型加热器中的燃料未能完全燃尽,进入发动机燃烧室后继续燃烧,会对实验结果产生较大影响。相对来说,电阻式加热器更适合用来开展固体燃料在超声速气流中的燃烧研究,但电加热方式需要大功率电源设备,成本较高。因此,前期小流量的机理性实验适合采用电加热方式,后期大流量的发动机实验则更适合采用燃烧型加热器。

目前,固体燃料可以在超声速气流中燃烧这一理论已被证实,但内壁装药固体燃料超燃冲压发动机方案仍存在诸多技术问题,主要如下。

(1)点火及火焰稳定困难。用于点火及火焰稳定的凹腔结构会随着燃面退移逐渐消失,发动机难以长时间稳定工作。

(2)掺混效率低。燃料主要集中在壁面附近,难以与发动机中心主流充分掺混,掺混效率低。

(3)燃烧效率低。燃烧室中气流为超声速,热解后的燃料在有限长度的燃烧室中驻留的时间极短,且难以与主流空气充分掺混,燃烧效率较低。

(4)发动机空燃比难以调节。燃料质量流量主要取决于固体燃料的退移速率,而退移速率受流场的影响较大,燃料质量流量难以调节。

（5）内型面变化大。随着燃面的退移,时刻变化的内型面将严重影响发动机的工作性能。

1.2.2 双燃烧室固体燃料超燃冲压发动机

1989 年,Witt[47]在研究内壁装药固体燃料超燃冲压发动机的同时,提出了双燃烧室固体燃料超燃冲压发动机构型方案,并开展了实验研究,实验所采用的发动机燃烧室结构简图如图 1.17 所示。实验模拟的飞行工况如下：飞行高度 24.4 km、Ma 4.0,使用 HTPB 作为固体燃料。来流空气总质量流量约为 0.454 kg/s,分为质量流量相等的两路空气,一路空气进入亚声速燃烧室与固体燃料掺混燃烧,产生富燃燃气,另一路空气从超声速燃烧室壁面以 Ma 2.4 喷射进入超声速燃烧室,与产生的富燃燃气进一步掺混燃烧。结果表明,富燃燃气可以在燃烧室中与旁路来流空气进行超声速掺混燃烧,但从壁面引入旁路空气的方式会产生高强度激波,从而带来较高的总压损失。因此,Witt 建议采用同轴式旁路进气方式,既可以保证所需的掺混效果,同时还能有效降低总压损失。

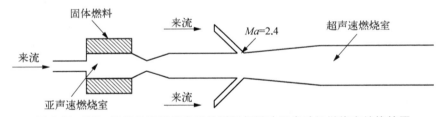

图 1.17 Witt 提出的双燃烧室固体燃料超燃冲压发动机燃烧室结构简图

1992 年,Vaught 等[87]针对双燃烧室固体燃料超燃冲压发动机进行了理论与实验研究。研究结果表明,在设计的工况（飞行高度 24 km、Ma 5）下,当超声速燃烧室中的燃烧效率达到 70% 时,采用 HTPB 为燃料的双燃烧室超燃冲压发动机的比冲将超过传统固体燃料（亚燃）冲压发动机;当燃烧效率为 90% 时,比冲相比传统固体燃料（亚燃）冲压发动机高 15%~20%。

2014 年,孙海刚等[88]开展了亚/超燃空气质量流量比对双燃烧室固体燃料超燃冲压发动机性能的影响研究,结果表明,存在最优的亚/超燃空气质量流量比使得燃烧室性能达到最佳。

2017 年,徐东来等[89]开展了固体燃料双燃烧室的地面直连实验研究,结果表明,发动机可实现点火和稳定燃烧,超声速流道对发动机性能的影响较大,而亚声速流道主要影响点火和稳定燃烧。

目前,对使用固体燃料超燃冲压发动机的研究较少,但公开资料表明,该构型发动机也存在诸多技术问题。亚声速燃烧室仍然使用壁面贴药式的燃烧室构型,因此也必然存在空燃比难以调节、发动机内型面变化大等固有问题,同时也存在亚燃燃烧室受最高静温限制的问题。

1.2.3　固体火箭超燃冲压发动机

固体燃料直接在超声速气流中燃烧的方式存在点火及火焰稳定困难、燃料燃烧效率低等诸多问题。针对内壁装药固体燃料超燃冲压发动机存在的一系列问题,国防科技大学的 Lv 等[90,91]于 2009 年提出了固体火箭超燃冲压发动机燃烧室构型方案,其示意图如图 1.18 所示。该构型的发动机以贫氧固体推进剂为燃料,在燃气发生器中自维持燃烧,燃烧产生的一次高温高压富燃燃气经过燃气发生器喉部喷入超声速燃烧室与超声速主流空气进行掺混、燃烧。采用该种构型,可以有效解决固体燃料超燃冲压发动机存在的点火困难、内型面变化、掺混及燃烧效率低等关键问题。实验结果表明,该构型燃气发生器产生的一次高温高压富燃燃气可以在超声速气流中燃烧,且具有较高的燃烧效率(实验燃烧效率为 65%),燃烧室总压恢复系数为 0.5,验证了该构型的可行性。

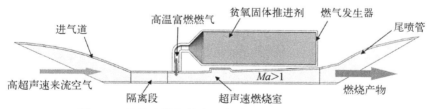

图 1.18　固体火箭超燃冲压发动机燃烧室构型示意图

李轩等[92]针对图 1.19 所示的固体火箭超燃冲压发动机燃烧室构型进行了燃烧室流场数值模拟,研究了不同构型对燃烧室掺混增强和燃烧性能的影响。

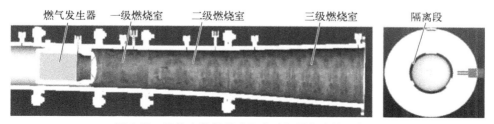

图 1.19　固体火箭超燃冲压发动机燃烧室构型简图

研究结果表明,加入扰流装置可提高一次高温高压富燃燃气与空气的掺混度,提高燃烧效率。

2017 年,刘仔等[93,94]针对燃烧室长度和扩张角对固体火箭超燃冲压发动机性能的影响进行了数值研究。结果表明,提高燃烧效率和提高总压恢复系数是相互矛盾的;燃烧效率随着燃烧室长度的增加而提高,随扩张角的增加而降低;而总压恢复系数随着燃烧室长度的增加而减小,随着扩张角的增大而增大。

2018 年,西北工业大学的 Liu 等[95-98]采用中心支板燃气喷射及凹腔和斜劈组合稳焰方式开展了实验和数值研究,发动机构型如图 1.20 所示。实验模拟了飞行高度 21km、Ma 5.3 的飞行工况,通过数值模拟的方式得出燃烧室的燃烧效率约为 56%,总压恢复系数约为 0.44。此外,他们还针对中心支板式固体火箭超燃冲压发动机,从大气模型、进气道、燃烧室和尾喷管四个模块出发完成了一体化流道设计。分析结果表明,碳颗粒的燃烧效率限制了发动机整体的燃烧效率及发动机性能,发动机设计点的燃烧效率为 49%,比冲仅有 367s。

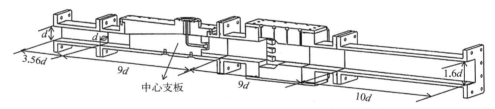

图 1.20　Liu 等采用的固体火箭超燃冲压发动机构型

与此同时,俄罗斯科学院的 Salgansky 等[99]计算分析了使用低温燃气发生器对固体火箭超燃冲压发动机性能的影响,采用的发动机构型如图 1.21 所示,计算假设从燃气发生器出来的低温富燃燃气可通过对流换热有效冷却壁面。结果表明,发动机的最长工作时间随着富燃燃气温度和燃气发生器内部总压的降低而增加,这一结论为目前固体火箭超燃冲压发动机因长时工作而产生的热防护问题提供了一种新的解决思路。

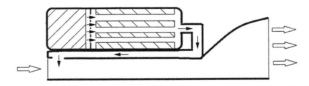

图 1.21　Salgansky 等采用的固体火箭超燃冲压发动机构型

　　2019 年,国防科技大学的 Li 等[100]研究了凹腔位置对固体火箭超燃冲压发动机性能的影响,采用的发动机构型如图 1.22 所示。研究模拟飞行工况如下:飞行高度 25 km、Ma 6。结果表明,凹腔可以提高发动机燃烧效率,中部凹腔燃烧室构型的燃烧效率最高可达 70%;碳颗粒燃烧效率是制约燃烧室总燃烧效率的关键因素,建立合适的燃烧组织促进富燃燃气中的颗粒燃烧对提升燃烧室性能至关重要。

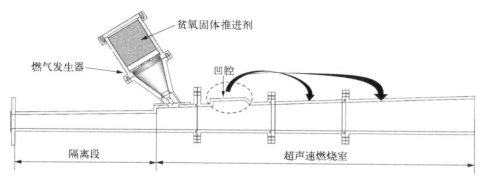

图 1.22　Li 等采用的固体火箭超燃冲压发动机构型

　　相对于内壁装药固体燃料超燃冲压发动机,固体火箭超燃冲压发动机方案具有明显的优势和更高的技术成熟度,具体如下。

　　(1)点火及火焰稳定容易实现。燃气发生器产生的高温富燃燃气进入燃烧室后,在为燃烧室提供燃料的同时,提供了一个稳定的值班火焰。

　　(2)掺混效率高。贫氧推进剂在燃气发生器中自维持燃烧,燃烧产生的富燃燃气以射流的形式进入超声速燃烧室。相对于扩散掺混,射流掺混过程具有更高的掺混效率。此外,燃气发生器的安装位置灵活多变,可采用多种不同的掺混增强方案,以获得更高的掺混效率。

　　(3)燃烧效率高。推进剂在燃气发生器中自维持燃烧后进入超声速燃烧室,燃烧过程中前期相对较慢的化学反应过程在燃气发生器中已基本完成,进入超声速燃烧室后,只需适当掺混即可完成后续相对较快的燃烧过程,推进剂燃烧效率高。

　　(4)发动机空燃比可调。可通过在燃气发生器喉部安装节流装置来调节推进剂的质量流量[101,102],进而实现发动机空燃比可调,以适应不同飞行阶段的需求。

第2章

发动机理论性能分析

　　固体燃料超燃冲压发动机是一种新型发动机,在新型发动机的研制过程中,发动机的理论性能计算具有重要的意义。通过理论性能分析,可以评估发动机的潜在性能,明确发动机的优势和研制意义;掌握发动机性能的影响因素及变化规律,为发动机优化设计、推进剂配方选择等提供理论依据和指导。

　　本章开展固体燃料超燃冲压发动机理论性能分析,主要内容如下:建立并验证超燃冲压发动机理论性能分析方法,明确性能影响因素;分析飞行工况对发动机性能的影响规律;对比采用不同类型推进剂的发动机性能差异;掌握固体推进剂配方对发动机性能的影响规律。本章内容可为固体燃料超燃冲压发动机飞行工况选取、固体推进剂及配方选择提供理论依据和指导。

2.1　发动机理论性能分析方法及影响因素

2.1.1　发动机理论性能分析方法

1. 热力循环和准一维分析方法

　　超燃冲压发动机的基本结构如图 2.1 所示,主要由进气道、隔离段、燃烧室和尾喷管组成。超燃冲压发动机的理论性能分析方法大致有两种,一种为热力循环分析方法,另一种为准一维分析方法。

　　热力循环分析方法将发动机的工作过程简化为四个基本的热力循环过程,从宏观的角度分析发动机工作过程中能量的转化关系,发动机性能评价指标通常为热效率、推进效率和总效率。通过适当的转换,可获得发动机推力、比冲等。热力循环方法最大的优点是计算过程中不依赖发动机具体构型,只要给定飞行工况即可完成计算,但计算过程过于简化,忽略了发动机工作过程中内部诸多因

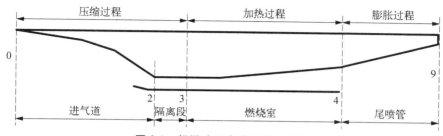

图 2.1　超燃冲压发动机基本结构

素的影响,对发动机工作过程中各种损失的评估明显不足,计算出来的理论性能比实际性能偏高过多。

准一维分析方法是指对发动机内的流动、燃烧过程进行合理的降维处理,在一维管路流动模型的基础上,添加多个子模型,逐步实现超燃冲压发动机进气道、燃烧室和尾喷管等多个子部件的理论性能评估模型,主要性能评价参数为发动机推力、比冲等。相对于热力循环分析方法,准一维分析考虑的因素更为全面,理论分析结果更接近于发动机的真实工作性能,但是计算过程中通常会涉及具体的发动机构型,且分析过程中存在诸多的限制,不便比较不同构型的发动机性能。此外,超燃冲压发动机工作过程中存在多个工作模式,准一维分析方法通常仅适用于特定工作模式下的发动机,不具有普适性。

2. 基于热力计算的理论性能分析方法

鉴于超燃冲压发动机理论性能分析方法的现状,本节提出一种较简单且普适性较高的计算方法,该方法是在火箭发动机热力计算的基础上进行的改进,称为基于热力计算的理论性能分析方法。

发动机作为动力系统,其主要的性能指标为推力、比推力、比冲和体积比冲。发动机推力是发动机最重要的性能指标,推力的大小直接决定了发动机能否实现既定的设计目标。发动机推力为进出口的冲量差,如式(2.1)所示:

$$F = (\dot{m}_a + \dot{m}_p)v_e - \dot{m}_a v_{\mathrm{in}} + (p_e - p_a)A_e \tag{2.1}$$

式中,F 为发动机推力(N);$\dot{m}_a$ 和 $\dot{m}_p$ 分别为空气和推进剂的质量流量(kg/s);v_e、p_e 和 A_e 分别为发动机尾喷管出口速度(m/s)、压力(Pa) 和截面面积(m²);v_{in} 为发动机入口气流速度(m/s);p_a 为环境压力(Pa)。

发动机推力大小除与发动机工作性能相关处,还与发动机中的空气捕获质量流量相关,为便于比较,引入比推力(F_{sp},单位为 N·s/kg)的概念,比推力为单

位空气质量流量下的发动机推力,如式(2.2)所示:

$$F_{sp} = \frac{F}{\dot{m}_a} \tag{2.2}$$

比冲(I_{sp},单位为s)是发动机性能的重要评价指标之一,定义为单位重量的推进剂产生的推力冲量,如式(2.3)所示,其中 g 为标准地面重力加速度(9.8 N/kg)。在发动机总冲一定的情况下,比冲越高,发动机所需的推进剂质量越小;在推进剂质量一定时,比冲越高,飞行器的射程越远。

$$I_{sp} = \frac{\int_0^t F \, dt}{g \int_0^t m_p \, dt} = \frac{F}{g \dot{m}_p} \tag{2.3}$$

类似比冲,在此引入体积比冲(I_{spv},单位为 N·s/m³)的概念。体积比冲定义为单位体积推进剂产生的冲量,如式(2.4)所示:

$$I_{spv} = \frac{I}{V_p} = \frac{\rho_p F}{\dot{m}_p} \tag{2.4}$$

式中, V_p 和 ρ_p 分别为推进剂的体积和密度。

在发动机总冲一定的情况下,体积比冲越高,发动机所需的推进剂储箱体积越小;当推进剂储箱体积一定时,体积比冲越高,飞行器的射程越远。发动机理论性能计算的关键是发动机推力计算,在飞行工况和空气捕获质量流量一定的情况下,发动机推力计算的关键是尾喷管出口速度的计算。

基于热力计算的理论性能分析方法是在火箭发动机热力计算的基础上改进的。火箭发动机主要由燃烧室和尾喷管两部分组成,其热力计算过程包括燃烧室热力计算和尾喷管热力计算。燃烧室热力计算过程中,给定推进剂的组分、初温和燃烧室的压强,然后计算燃烧室中燃烧产物的组分、温度和其他热力参数。尾喷管热力计算指在燃烧室热力参数的基础上给定尾喷管出口压力,计算尾喷管出口燃烧产物的组分、温度、速度和热力参数,进而计算发动机的推力、比冲等其他性能参数。

冲压发动机的主要部件是进气道、燃烧室和尾喷管,与火箭发动机不同,冲压发动机采用空气中的氧气来辅助燃烧。亚燃冲压发动机燃烧室中气流的马赫数较低,通常小于0.3,可近似认为燃烧室中的气流速度为零。燃烧室内的工作过程可视为定压燃烧过程,燃烧室的工作压力为燃烧室的总压,将冲压进来的空气视为燃烧室中推进剂的组分之一,则冲压发动机的热力计算过程和火箭发动机相同。给定推进剂(包括空气)的组分和初始温度、空燃比(用于计算空气质量)、工作压力即可进行燃烧室热力计算,尾喷管计算过程与火箭发动机完全相同。

　　超燃冲压发动机的结构组成与亚燃冲压发动机相似,主要由进气道、燃烧室和尾喷管组成。超燃冲压发动机与亚燃冲发动机的主要差别表现在两个方面:超燃冲压发动机燃烧室内的气流为超声速;超燃冲压发动机尾喷管没有喉部。结合超燃冲压发动机自身特点和亚燃冲压发动机的热力计算过程,超燃冲压发动机热力计算过程分析如下。

　　发动机中的流动参数分为滞止参数(总温、总压)和静参数(静温、静压),当速度(马赫数)较低时,如在亚燃冲压发动机燃烧室热力计算过程中,可近似认为静参数与滞止参数相同。超燃冲压发动机中的气流速度较高,滞止参数和静参数需要明确区分。

　　亚燃冲压发动机常用的拉瓦尔喷管示意图如图 2.2 所示。在亚燃冲压发动机中,尾喷管出口参数取决于尾喷管入口(截面 A)参数和尾喷管出口(截面 D)静压。尾喷管与燃烧室相连接,尾喷管入口(截面 A)参数即燃烧室出口参数,燃烧室出口参数根据燃烧室热力计算获得。在超燃冲压发动机中,尾喷管没有喉部,燃烧室出口气流为超声速。此时,图 2.2中的截面 C 相当于超燃冲压发动机燃烧

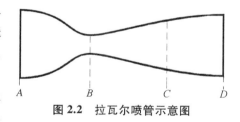

图 2.2　拉瓦尔喷管示意图

室出口,尾喷管(CD 段)相当于超燃冲压发动机尾喷管。截面 C 的参数相当于超燃冲压发动机燃烧室出口参数,截面 D 的参数为尾喷管出口参数,截面 A 的参数为超燃冲压发动机燃烧室出口滞止参数。也就是说,假定发动机燃烧室中的气流滞止,燃料在燃烧室中等压燃烧,生成高温高压混气,混气经一个假定的尾喷管(AC 段)膨胀至燃烧室出口压力,然后再经过尾喷管(CD 段)膨胀至尾喷管出口压力。如此一来,超燃冲压发动机尾喷管出口参数的热力计算过程与亚燃冲压发动机是类似的,可同样采用火箭热力计算程序[103]进行计算。超燃冲压发动机热力计算过程如图 2.3 所示。

　　(1) 给定飞行高度、马赫数、空燃比和推进剂参数(包括组分、比例和初温),计算燃烧室中各组分的质量比例。空气质量通过空燃比计算,然后将空气

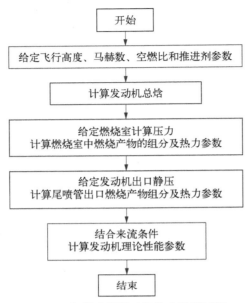

图 2.3 超燃冲压发动机热力计算过程

作为组分的一种,结合给定的推进剂参数,重新计算发动机中各组分(包括推进剂和空气)的质量分数。

(2)计算发动机总焓。发动机中的总焓为推进剂的总焓和空气总焓之和,其中空气总焓为飞行工况下来流空气的滞止焓,需结合飞行高度和马赫数进行计算。

(3)给定燃烧室计算压力,计算燃烧室中燃烧产物的组分及热力参数。根据前面分析可知,燃烧室计算压力应采用燃烧室的滞止压力。燃烧室热力计算过程包括组分守恒方程、质量守恒方程、化学平衡方程和能量组分方程。其中,化学平衡方程采用最小吉布斯自由能假设进行计算。

(4)给定发动机出口静压,计算尾喷管出口燃烧产物组分及热力参数。燃烧室中的组分通过一个假想的拉瓦尔喷管膨胀至发动机尾喷管出口压力,计算尾喷管出口的燃烧产物的组分和热力参数,进而可求出发动机推力及相关性能参数。需要注意的是,截面 C 之前的热力计算过程需要采用平衡流假设,以消除燃烧室热力计算过程中因压力高于实际值而对燃烧产物平衡组分产生的影响。截面 C 之后可根据需求采用平衡流或冻结流进行计算。

(5)结合来流条件计算发动机理论性能。根据发动机进出口参数计算发动机推力,进而求出发动机其他性能参数。

2.1.2　发动机理论性能分析方法验证

热力计算的推力理论结果与实验测量结果对比如图 2.4 所示。总体来看,理论计算结果与实验测量结果趋势一致,理论计算值略高于实验测量值。理论性能计算过程中,燃烧室中燃料的燃烧效率为 100%,且不考虑壁面热损失。实验测试过程中,燃料的燃烧效率为68%~76%,且存在壁面散热损失,故理论计算值高于实验测量值。理论计算结果与实验测量结果对比表明,基于热力计算的超燃冲压发动机理论性能计算方法可行,可用于超燃冲压发动机理论性能评估。

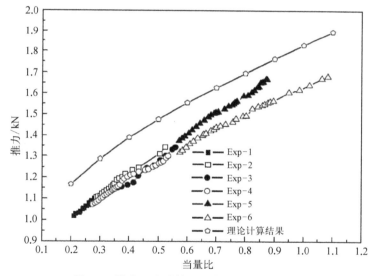

图 2.4　推力理论计算结果与实验测量结果对比

2.1.3　发动机理论性能计算影响因素分析

影响发动机理论性能计算结果的因素主要有两类,一类为发动机设计工况,如飞行高度、马赫数、推进剂的类型和空燃比等;另一类为计算参数,如发动机出口压力、燃烧室计算压力和总温等。关于发动机设计参数对发动机性能的影响将在后面进行详细讨论,本节主要讨论发动机计算参数对发动机理论性能的影响。

1. 发动机出口压力

理论上来说,尾喷管完全膨胀时,发动机推力最大。而实际工作过程中,发动机通常处于欠膨胀状态。本节的理论分析过程中,发动机尾喷管计算均采用完全膨胀假设,即发动机出口压力等于环境压力。

2. 燃烧室计算压力

前面分析表明,燃烧室计算压力应选用燃烧室出口总压。热力计算过程中,尾喷管膨胀过程通常采用等熵膨胀假设,尾喷管膨胀过程中不产生总压损失,燃烧室总压与发动机出口总压相同。燃烧室出口总压取决于发动机出口总压,发动机出口总压取决于来流总压和沿程的总压恢复系数。沿程的总压损失包括激波损失、壁面摩擦损失、燃烧损失、掺混损失、瑞利损失等。为方便计算发动机总压,在此引入发动机总压恢复系数概念,发动机总压恢复系数定义为发动机进出口总压的反比,等于各部件(包括进气道、燃烧室和尾喷管)总压恢复系数之积,其中各部件总压恢复系数为各部件进出口总压反比。

发动机推力随总压恢复系数的变化曲线如图 2.5 所示,计算工况如下:飞行高度 25 km、Ma 6,推进剂为煤油,空燃比为理论空燃比。总体来看,发动机的推力随总压恢复系数的增加而增加,总压恢复系数对发动机的推力性能影响较大,在总压恢复系数较小时,影响尤为明显。

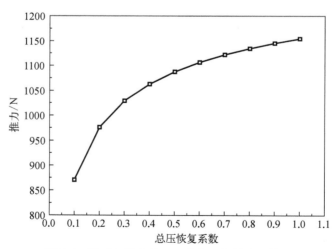

图 2.5　发动机推力随总压恢复系数的变化情况

3. 燃烧室总温计算

燃烧室总温对发动机尾喷管出口参数的影响较大,进而会影响发动机的性能计算。燃烧室总温取决于来流空气总温、推进剂放热量等。在大多数的热力计算过程中,推进剂的放热量是通过燃料的热值进行计算的,如式(2.5)所示,即认为推进剂完全放热,放热量等于燃料的热值。此方法容易过度高估推进剂在燃烧室中的放热量,为避免这个问题,燃烧室总温采用热平衡方法进行计算。

$$\dot{m}_{air} h_{t,\,inlet} + \dot{m}_{fuel} h_{PR} = (\dot{m}_{air} + \dot{m}_{fuel}) h_{t,\,combustor} \qquad (2.5)$$

式中,$\dot{m}_{air}$ 为空气质量流量;$h_{t,\,inlet}$ 为来流总焓;$\dot{m}_{fuel}$ 为燃料质量流量;h_{PR} 为燃料质量热值;$h_{t,\,combustor}$ 为燃烧室出口截面气流总焓。

两种算法计算的燃烧室总温如图 2.6 所示,计算工况为飞行高度 25 km、Ma 6,总压恢复系数为 0.5,推进剂为液氢。图中当量比(equivalence ratio,ER)定义为理论空燃比与实际空燃比之比,当量比大于 1 时,燃烧室为富燃状态,反之,则为富氧状态。基于燃料热值计算的总温明显高于热平衡计算结果,当量比大于 1 时,基于燃料热值计算的燃料室总温仍在上升,严重偏离实际情况。相对而言,基于热平衡的计算结果更接近于真实情况。

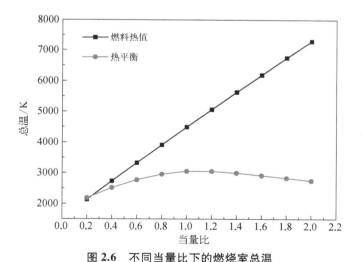

图 2.6　不同当量比下的燃烧室总温

2.2　飞行工况对发动机性能的影响

与火箭发动机不同,超燃冲压发动机的工作性能不仅受燃料燃烧效率的影响,也受飞行工况的影响。本节主要分析发动机飞行工况(包括飞行高度和马赫数)对发动机性能的影响。

2.2.1 马赫数对发动机性能的影响

发动机理论性能随马赫数的变化情况如图 2.7 ~ 图 2.9 所示,计算工况为飞行高度 25 km、Ma 4 ~ 10,总压恢复系数取 0.5,推进剂为煤油,空燃比为理论空燃比。发动机各项性能指标(包括比推力、比冲和体积比冲)均随马赫数的增加而降低。马赫数增加,来流总压和动压随之增大,发动机入口气流的动量也随之增大。在发动机总压恢复系数一定时,燃烧室内总压随马赫数增加而增大,发动机

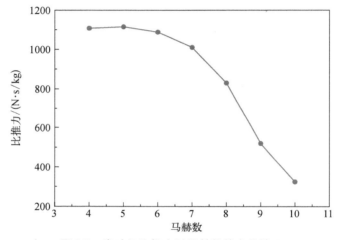

图 2.7　发动机比推力随马赫数的变化情况

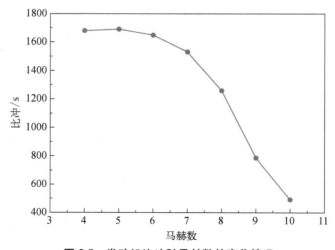

图 2.8　发动机比冲随马赫数的变化情况

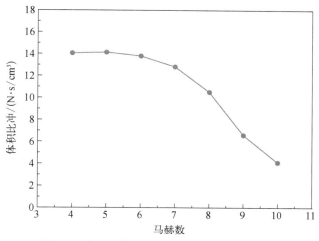

图 2.9　发动机体积比冲随马赫数的变化情况

出口动量也随之增大。但发动机出口动量增大远小于来流空气动量的增大,发动机进出口动量差变小,故发动机的比推力下降,其他性能指标也随之降低。当马赫数大于 7 时,发动机性能指标下降尤为明显。

2.2.2　飞行高度对发动机性能的影响

发动机理论性能随飞行高度的变化情况如图 2.10~图 2.12 所示,计算工况为飞行高度 15~40 km、Ma 6,总压恢复系数为 0.5,推进剂为煤油,空燃比为理论空燃比。

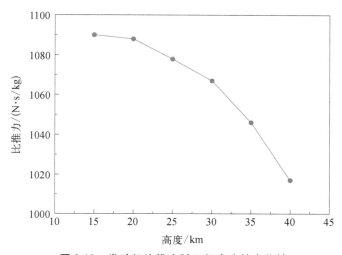

图 2.10　发动机比推力随飞行高度的变化情况

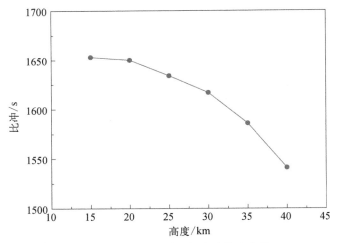

图 2.11 发动机比冲随飞行高度的变化情况

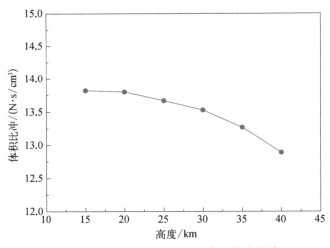

图 2.12 发动机体积比冲随飞行高度的变化情况

发动机各项性能指标(包括比推力、比冲和体积比冲)均随飞行高度的增加而降低。随着飞行高度的增加,空气变得稀薄,环境压力下降,来流的总压降低。发动机总压恢复系数一定时,燃烧室工作压力下降,尾喷管出口动量下降,发动机比推力下降,其他性能指标也随之降低。相对于马赫数,飞行高度变化对发动机性能的影响较小。

2.3　推进剂类型及对发动机性能的影响

2.3.1　推进剂类型分析

发动机为动力机械,其动力来自推进剂的化学能向燃气动能转化,所以推进剂的性能与发动机的性能密切相关。本节对不同类型的推进剂对发动机性能(包括比推力、比冲和体积比冲等)的影响进行分析。

按照冲压发动机使用的燃料形态,可分为液体燃料和固体燃料,其中液体燃料以液氢、煤油为主。根据用途的不同,固体燃料又可分为不含氧化剂的燃料、金属粉末燃料和贫氧推进剂。不含氧化剂的燃料主要用于固体燃料冲压发动机,金属粉末主要用于粉末冲压发动机,贫氧推进剂主要用于火箭冲压发动机。表 2.1 中给出了几种常见的可用于冲压发动机的推进剂的物理和化学性质,其中编号 1~2 为液体燃料,编号 3 为固体燃料中常见的黏合剂丁羟(HTPB),编号 4~6 为金属粉末燃料,编号 7~9 为贫氧推进剂。Mg-50 为镁金属含量为 50% 的 HTPB/AP(高氯酸铵)型贫氧推进剂,B-35 为硼含量为 35% 的 HTPB/AP 型贫氧推进剂,CH 为 $C_{11}H_{14}$ 含量为 27% 的 HTPB/AP 型贫氧推进剂。选择含镁贫氧推进剂(Mg-50)和碳氢贫氧推进剂(CH)为后续实验研究使用。

表 2.1　推进剂的物理和化学性质

编号	推　进　剂	密度/(kg/m^3)	质量热值/(MJ/kg)	能量密度/(kJ/cm^3)	理论空燃比
1	液氢	71	120.99	8.59	34.29
2	煤油	853	43.72	37.29	14.87
3	丁羟	920	42.19	38.81	13.92
4	镁	1 740	24.74	43.05	2.84
5	铝	2 700	31.02	83.77	3.84
6	硼	2 350	58.07	136.47	9.59
7	含镁贫氧推进剂	1 580	20.41	32.25	3.46
8	碳氢贫氧推进剂	1 400	24.4	34.16	6.57
9	含硼贫氧推进剂	1 675	33.33	55.83	6.83

固体燃料的燃速定义为推进剂燃面退移速率,常用的燃速压强关系式如式(2.6)所示。

$$\dot{r} = a_s p_g^{n_s} \tag{2.6}$$

式中,a_s 为指前因子;n_s 为压强指数;p_g 为燃气发生器内部压强。

实验所用的三种贫氧推进剂的相关参数如表 2.2 所示,图 2.13 为各自燃速随压强的变化关系,以燃速为 10 mm/s 为例,从图中可以看出,碳氢贫氧推进剂的工作压强低于 1 MPa,而两种含硼贫氧推进剂(B-10、B-35)的工作压强却在 2 MPa 左右。总的来说,实验所使用的含硼贫氧推进剂的燃速比碳氢贫氧推进剂燃速更低。

表 2.2 推进剂燃速参数

推进剂类型	指前因子	压强指数
CH	12.54	0.510
B-10	6.96	0.556
B-35	6.60	0.497

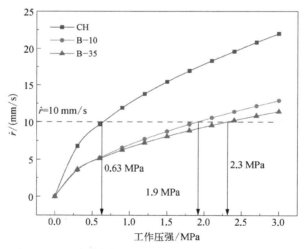

图 2.13 三种贫氧推进剂燃速随工作压强的变化关系

利用热力计算软件对三种贫氧推进剂进行能量特性及一次燃烧产物分析,如图 2.14 所示,随着硼含量的上升,推进剂质量热值也显著提升,碳氢贫氧推进剂质量热值最低约为 24.7 MJ/kg,含硼 35% 的推进剂质量热值最高约为 33.5 MJ/kg。另外,含硼贫氧推进剂的密度约为 1.6 g/cm³,而碳氢贫氧推进剂的密度约为 1.4 g/cm³。因此,相比碳氢贫氧推进剂,含硼贫氧推进剂的理论比冲更高,质量或体积相同时,使用含硼贫氧推进剂的固体火箭超燃冲压发动机射程更远。

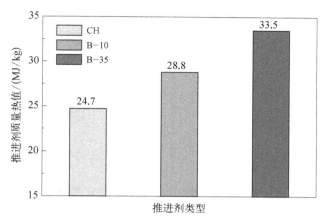

图 2.14　三种贫氧推进剂质量热值的热力计算

通过热力计算对三种贫氧推进剂的一次燃烧产物进行简化处理,只统计一次富燃燃气中的可燃组分,包括气相和凝相组分两类。三种贫氧推进剂一次燃烧产物中的可燃组分的质量和能量释放占比如图 2.15 所示,从图中可以看出,碳氢贫氧推进剂富燃燃气中的可燃组分主要为 CO、H_2 和 C 颗粒,而含硼贫氧推进剂富燃燃气组分中则多了一项 B 颗粒。与含硼贫氧推进剂相比,碳氢贫氧推进剂一次燃烧产物中的 H_2 的能量释放占比较高,约为 48%,随着 B 颗粒含量的上升,H_2 能量释放占比降低,B-35 推进剂对应的是 21%。因此,在同样的燃烧室构型和压强条件下,碳氢贫氧推进剂一次燃烧产生的富燃燃气相对来说燃烧效果更好。

三种贫氧推进剂一次燃烧产物中气相/凝相的质量和能量释放占比如表 2.3 所示,从表中可知,随着 B 颗粒含量的上升,富燃燃气中凝相组分的质量和能量释放占比也越来越高,尤其是 B-35 推进剂中凝相能量释放占比高达 75.30%。因此,对于高能含硼贫氧推进剂的二次燃烧组织问题,首先要考虑的是如何促进高能颗粒在超声速燃烧室中的高效燃烧,因为只有保证颗粒的高效燃烧,才能发挥出高能固体推进剂的高质量热值和高比冲优势。

表 2.3　三种贫氧推进剂一次燃烧产物中气相/凝相的质量分数和能量释放占比

推进剂类型	气相质量分数	凝相质量分数	气相能量释放占比	凝相能量释放占比
CH	47.89%	52.11%	59.39%	40.61%
B-10	30.67%	69.33%	46.66%	53.34%
B-35	24.05%	75.95%	24.70%	75.30%

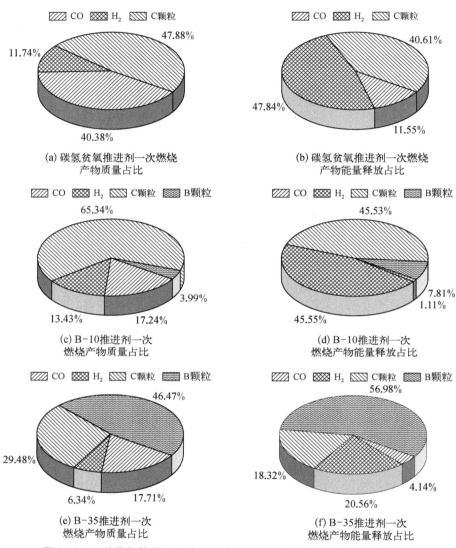

（a）碳氢贫氧推进剂一次燃烧
产物质量占比

（b）碳氢贫氧推进剂一次燃烧
产物能量释放占比

（c）B-10推进剂一次
燃烧产物质量占比

（d）B-10推进剂一次
燃烧产物能量释放占比

（e）B-35推进剂一次
燃烧产物质量占比

（f）B-35推进剂一次
燃烧产物能量释放占比

图 2.15　三种贫氧推进剂一次燃烧产物可燃组分的质量和能量释放占比

2.3.2　推进剂对发动机性能的影响

　　发动机性能取决于发动机的飞行工况、燃烧室工作压力、尾喷管膨胀程度、推进剂种类和空燃比等。本节针对推进剂类型对发动机性能的影响进行分析,分析过程中计算点的飞行工况为飞行高度 25 km、Ma 6,总压恢复系数为 0.5。在同一计算工况下,发动机的性能仅与推进剂的性能和发动机的空燃比或当量比相关。

1. 空燃比影响

空燃比定义为发动机中空气质量流量与燃料质量流量之比,燃料与空气中的氧气恰好完全反应时所对应的空燃比为恰当空燃比,或称为理论空燃比。

图 2.16~图 2.18 给出了发动机理论性能随空燃比的变化情况。总体来看,随着空燃比的增加,发动机的比推力下降,比冲和体积比冲增加。随着空燃比的增加,燃料的质量流量减少,燃料所能释放的热量减少,发动机的比推力下降。

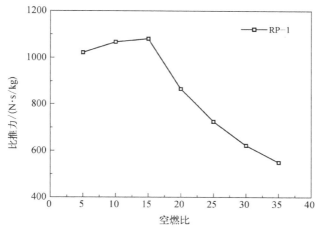

图 2.16　比推力随空燃比的变化情况

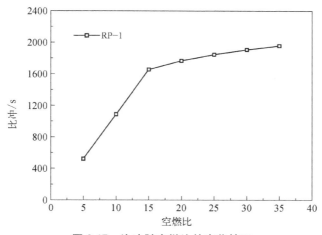

图 2.17　比冲随空燃比的变化情况

如图 2.16 所示,当空燃比小于 15 时,随着空燃比的增加,发动机的比推力增加。煤油(RP-1)的理论空燃比为 14.87,当空燃比小于理论空燃比时,发动

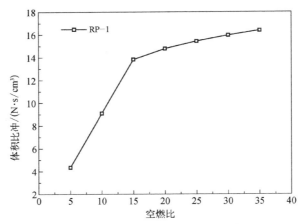

图 2.18　体积比冲随空燃比的变化情况

机处于贫氧状态。空燃比进一步降低,燃料贫氧程度增加,未能完全反应的燃料越来越多,燃料的总放热量基本不再增加,发动机的比推力性能随着空燃比降低而降低。

对于同一种燃料,当空燃比大于理论空燃比时,发动机处于富氧(贫燃)状态。发动机的比推力性能随空燃比的增加而降低;当空燃比小于理论空燃比时,发动机处理富燃(贫氧)状态,发动机中空气所提供的氧不足以支持燃料完全燃烧,空燃比的增加可降低富燃(贫氧)程度,发动机的比推力随空燃比的增加而增大。

推进剂不同时,发动机比推力随空燃比的变化情况如图 2.19 所示。对于不同类型的推进剂,空燃比相同,燃料的质量流量相同,发动机比推力主要取决于燃料自身的质量热值。液氢的质量热值最高,所以发动机比推力最高。贫氧推进剂的质量热值较低,发动机比推力较低。煤油的质量热值与固体燃料丁羟(HTPB)相近,所以比推力相近。金属粉末燃料中,燃料的质量热值由高到低依次为 B、Al 和 Mg,发动机比推力大小与之对应。总体而言,液体燃料的质量热值通常高于固体燃料,尤其高于贫氧推进剂。

空燃比和推进剂的质量流量相同时,发动机比冲的大小关系与比推力一致。推进剂质量热值越高,发动机的比冲越高。总体而言,液体燃料的质量热值通常高于固体燃料,尤其高于贫氧推进剂。空燃比相同时,采用液体燃料时,发动机的比冲较高。

由图 2.20 可知,空燃比相同时,发动机的比冲性能取决于燃料的质量热值。而发动机的体积比冲取决于燃料的能量密度,燃料的能量密度定义为单位体积燃料的热值,燃料的能量密度越大,发动机的体积比冲越高,如图 2.21 所示。

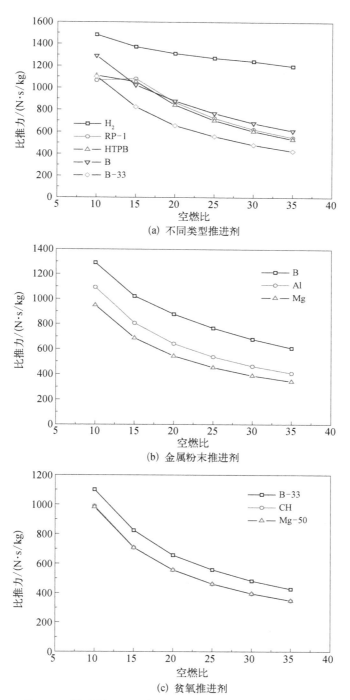

(a) 不同类型推进剂

(b) 金属粉末推进剂

(c) 贫氧推进剂

图 2.19 推进剂不同时发动机比推力随空燃比的变化情况

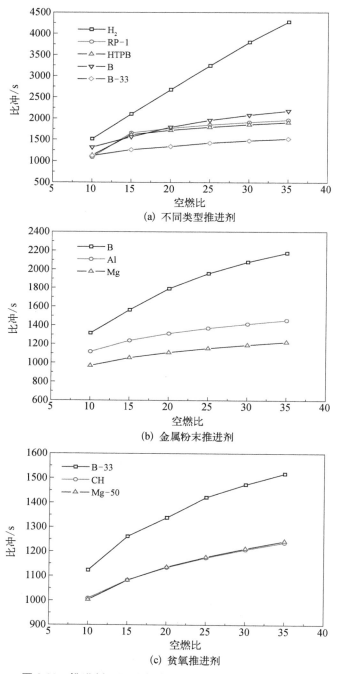

(a) 不同类型推进剂

(b) 金属粉末推进剂

(c) 贫氧推进剂

图 2.20 推进剂不同时发动机比冲随空燃比的变化情况

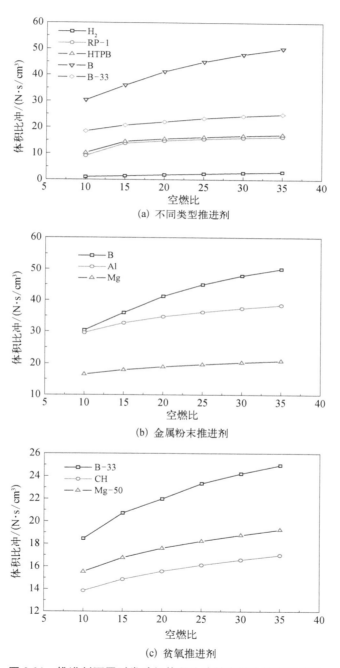

(a) 不同类型推进剂

(b) 金属粉末推进剂

(c) 贫氧推进剂

图 2.21 推进剂不同时发动机体积比冲随空燃比的变化情况

B 的能量密度最高,所以发动机体积比冲最大。液氢的能量密度最小,所以发动机体积比冲最小。煤油和固体燃料丁羟(HTPB)的能量密度相近,所以发动机体积比冲相近。贫氧推进剂的能量密度高于煤油,所以发动机具有相对较高的体积比冲。总体而言,固体燃料能量密度高于液体燃料,所以发动机具有更高的体积比冲。在发动机总冲一定的情况下,使用固体燃料时所需的推进剂储箱体积更小;在储箱体积一定时,使用固体燃料的发动机,飞行器的射程更远。

2. 当量比影响

理论上来说,在理论空燃比时,燃料与空气完全反应,燃料放热量最高,发动机的比推力性能最优。不同燃料的理论空燃比不同且相差较大,空燃比相同,不同推进剂的质量流量相同,但发动机中的富燃程度不同,有的燃料处于富氧状态,继续增加燃料仍可燃烧放热,而有的燃料处于贫氧状态,继续增加燃料会使放热量下降。当空燃比为 15 时,煤油处于贫氧状态,增加燃料,空燃比降低,发动机比推力下降;贫氧推进剂处于富氧状态,增加燃料,空燃比降低,发动机比推力上升,如图 2.22 所示。

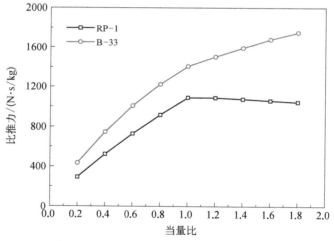

图 2.22　发动机比推力随当量比的变化情况

为衡量燃烧室中富氧或富燃程度对发动机性能的影响,在此引入当量比的概念。当量比小于 1 时,发动机处于富氧(贫燃)状态,空气中多余的氧气可支持更多燃料燃烧;当量比大于 1 时,发动机处于富燃(贫氧)状态,空气不足以提供燃料完全燃烧所需的氧气。

发动机理论性能随当量比的变化情况如图 2.22～图 2.24 所示。总体来看,

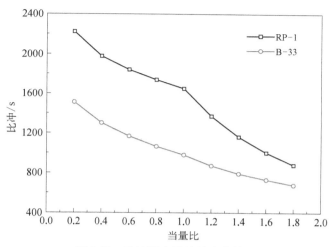

图 2.23　比冲随当量比的变化情况

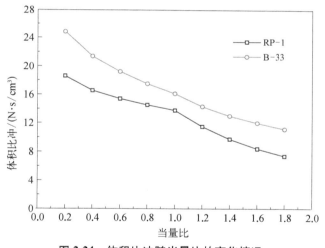

图 2.24　体积比冲随当量比的变化情况

当量比小于 1 时,发动机为富氧状态,随着当量比的增加,发动机的比推力增加,比冲和体积比冲下降;当量比大于 1 时,发动机处于富燃状态,随着当量比的增加,煤油的比推力变化不大,贫氧推进剂的比推力进一步增加,比冲和体积比冲均减小。对于不含氧化剂的推进剂,当量比大于 1 时,燃烧室处于富燃状态,空气中的氧气不足以支持燃料完全燃烧,此时增加贫氧推进剂,反而会降低燃料的放热量。对于含有氧化剂的推进剂,当量比大于 1 时,增加贫氧推进剂,发动机燃烧室放热量仍可增加,发动机比推力也随之增加,但增加效果较弱。

在其他条件相同的情况下,发动机的比推力主要取决于燃料的放热量。空燃比相同,燃料质量流量相同时,质量热值高则比推力高。当量比一定时,发动机中的富燃(贫氧)程度相同,燃料质量流量不同,此时,燃料的放热量取决于燃料的质量热值和质量流量之积,称为理论放热量。当量比为1时,不同燃料在单位空气质量流量下的理论放热量如表2.4所示。

表2.4   不同燃料在单位空气质量流量下的理论放热量

编号	推 进 剂	质量热值/ (MJ/kg)	燃料质量 流量/(g/s)	理论放热量/ MJ	理论 空燃比
1	液氢	120.99	29.16	3.53	34.29
2	煤油	43.72	67.24	2.94	14.87
3	丁羟	42.19	71.83	3.03	13.92
4	镁	24.74	351.59	8.70	2.84
5	铝	31.02	260.20	8.07	3.84
6	硼	58.07	104.25	6.05	9.59
7	含镁贫氧推进剂	20.41	289.23	5.90	3.46
8	碳氢贫氧推进剂	24.40	152.18	3.71	6.57
9	含硼贫氧推进剂	33.33	146.34	4.88	6.83

注:空气质量流量为1 kg/s;当量比ER=1。

针对不同的推进剂类型,给出了不同当量比时发动机的比推力,如图2.25所示。当量比相同时,金属粉末燃料的理论放热量较高,发动机比推力较高。贫氧推进剂次之,液体燃料相对较低。金属粉末燃料中按质量热值由高到低依次为B、Al和Mg,但理论放热量由高到低依次为Mg、Al和B。当量比相同时,按发动机比推力由大到小依次对应的是Mg、Al和B。贫氧推进剂类似,所采用的三种贫氧推进剂中,质量热值由高到低依次为含硼贫氧推进剂、碳氢贫氧推进剂和含镁贫氧推进剂,但理论放热量由高到低依次为含镁贫氧推进剂、含硼贫氧推进剂和碳氢贫氧推进剂。总体而言,当量比相同时,采用金属粉末燃料的发动机比推力最高,贫氧推进剂次之,液体燃料相对较低。

推进剂不同时,发动机比冲随当量比的变化情况如图2.26所示。虽然采用固体燃料的发动机比推力明显高于液体燃料,但固体燃料的理论空燃比较低,在当量比相同时,需要携带更多质量的燃料,故采用固体燃料的发动机比冲相对较低。采用液氢的发动机比冲最高,远高于其他推进剂,煤油次之,金属粉末燃料和贫氧推进剂较低。总体而言,发动机比冲大小主要受燃料质量热值的影响。

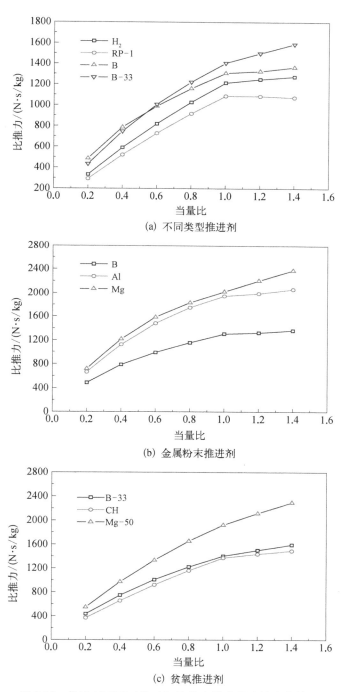

(a) 不同类型推进剂

(b) 金属粉末推进剂

(c) 贫氧推进剂

图 2.25　推进剂不同时发动机比推力随当量比的变化情况

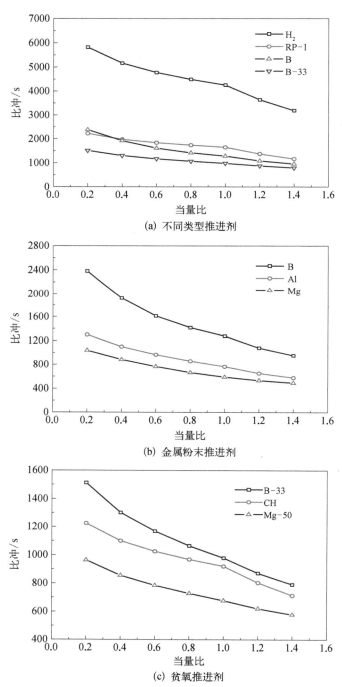

(a) 不同类型推进剂

(b) 金属粉末推进剂

(c) 贫氧推进剂

图 2.26 推进剂不同时发动机比冲随当量比的变化情况

相对于液体燃料,固体燃料的质量热值较低,采用固体燃料的发动机比冲通常低于液体燃料。但固体燃料的密度大,能量密度高,采用固体燃料的发动机的体积比冲通常高于液体燃料,如图 2.27 所示。总体而言,金属粉末燃料的体积

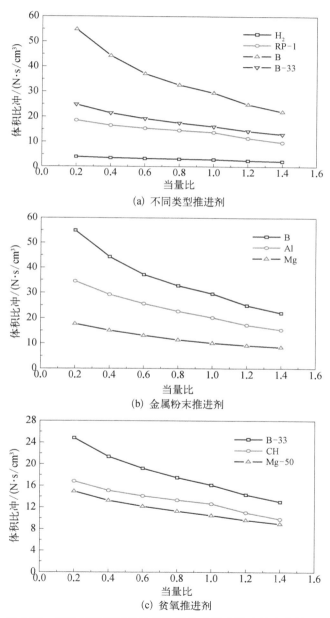

(a) 不同类型推进剂

(b) 金属粉末推进剂

(c) 贫氧推进剂

图 2.27　推进剂不同时发动机体积比冲随当量比的变化情况

比冲最高,贫氧推进剂次之,液体燃料相对较低。

综上可知,采用固体燃料的发动机可具备更高的比推力和体积比冲,对于空间有限的大推力飞行器,采用固体燃料的发动机具有明显优势。

2.4   固体推进剂配方对发动机性能的影响

冲压发动机使用的固体燃料通常为聚合物,如聚甲基丙烯酸甲酯(PMMA)、聚乙烯(PE)、聚丙烯(PP)、聚丁二烯(PB)、聚苯乙烯(PS)和丁羟(HTPB)。其中,PMMA 透明且易加工,可广泛应用于机理研究,但其能量密度低,不是理想的燃料。虽然 PE、PP、PB 及 PS 等烃聚合物能量密度较高,但燃面退移速率和密度普遍较低,且力学性能较差,也不是理想燃料。目前,冲压发动机采用的固体燃料主要有两类,一类是具有高能量密度、高燃速与高燃烧效率的烃聚合物;另一类是向 HTPB 中加入金属等添加剂,以提高能量密度和燃速。目前,冲压发动机采用的固体燃料以后者为主。本节将主要讨论推进剂配方对发动机性能的影响。

2.4.1   金属添加对发动机性能的影响

不同金属含量的推进剂的物理和化学参数如表 2.5 所示,表中推进剂配方仅由金属燃料和丁羟(HTPB)组成。

表 2.5   不同金属含量推进剂的物理和化学参数

金属	金属含量/%	密度/(kg/cm³)	质量热值/(MJ/kg)	能量密度/(kJ/cm³)	理论空燃比	理论放热量/MJ
铝	10	1 098	41.08	45.10	12.91	3.18
	30	1 454	38.85	56.49	10.90	3.56
	50	1 810	36.62	66.28	8.88	4.12
	70	2 166	34.39	74.49	6.87	5.01
	90	2 552	32.16	82.07	4.85	6.63
镁	10	1 002	40.45	40.53	12.81	3.16
	30	1 166	36.96	43.10	10.60	3.49
	50	1 330	33.46	44.50	8.38	3.99
	70	1 494	29.97	44.78	6.17	4.86
	90	1 658	26.48	43.90	3.95	6.70

（续表）

金属	金属含量/%	密度/（kg/cm³）	质量热值/（MJ/kg）	能量密度/（kJ/cm³）	理论空燃比	理论放热量/MJ
	10	1 063	40.45	43.00	13.49	3.00
	30	1 349	47.26	63.75	12.62	3.74
硼	50	1 635	50.64	82.80	11.76	4.31
	70	1 921	59.93	115.13	10.89	5.50
	90	2 207	57.40	126.68	10.03	5.73

注：空气质量流量为 1 kg/s；当量比 ER = 1。

发动机的比推力大小主要取决于燃料的放热量,空燃比相同时,推进剂的质量流量相同,不同燃料的放热量主要取决于燃料的质量热值;当量比一定时,发动机的富氧程度相同,不同燃料的放热量主要取决于燃料的质量热值与质量流量之积,即理论放热量。发动机的比冲主要取决于燃料的质量热值,体积比冲主要取决于燃料的能量密度。

镁和铝的质量热值小于丁羟,镁和铝的添加会降低燃料的质量热值,空燃比相同时,添加镁或铝会降低发动机的比推力和比冲。硼的质量热值高于丁羟,硼的添加会增加燃料的质量热值,空燃比相同时,会增加发动机的比推力和比冲。金属燃料的理论空燃比相对较低,金属燃料的添加会降低燃料的空燃比,当量比相同时,发动机中可实现更多燃料的燃烧,增加发动机理论放热量和比推力。金属燃料的密度相对较大,金属燃料的添加可增大燃料的能量密度,提高发动机的体积比冲。

2.4.2　氧化剂添加对发动机性能的影响

不同氧化剂含量的推进剂的物理和化学参数如表 2.6 所示,表中推进剂配方仅由金属燃料、丁羟(HTPB)和高氯酸铵(AP)组成,其中金属燃料与丁羟的比例恒定。

表 2.6　不同氧化剂含量推进剂的物理和化学参数

金属	AP 含量/%	密度/（kg/cm³）	质量热值/（MJ/kg）	能量密度/（kJ/cm³）	理论空燃比	理论放热量/MJ
	10	1 392	30.26	42.12	7.40	4.09
镁	20	1 454	27.05	39.33	6.41	4.22
	30	1 516	23.85	36.16	5.43	4.39

（续表）

金属	AP 含量/%	密度/(kg/cm³)	质量热值/(MJ/kg)	能量密度/(kJ/cm³)	理论空燃比	理论放热量/MJ
镁	40	1 578	20.64	32.57	4.44	4.65
	50	1 640	17.43	28.59	3.46	5.04
	60	1 702	14.23	24.22	2.47	5.76
铝	10	1 824	33.10	60.37	7.85	4.22
	20	1 838	29.58	54.37	6.81	4.341
	30	1 852	26.05	48.24	5.78	4.51
	40	1 866	22.53	42.04	4.74	4.75
	50	1 880	19.01	35.74	3.71	5.13
	60	1 894	15.49	29.34	2.67	5.80
硼	10	1 667	45.72	76.19	10.43	4.38
	20	1 698	40.79	69.26	9.11	4.48
	30	1 793	35.87	64.30	7.79	4.61
	40	1 761	30.95	54.50	6.47	4.79
	50	1 793	26.02	46.645	5.14	5.06
	60	1 824	21.10	38.49	3.82	5.52

注：空气质量流量为 1 kg/s；当量比 ER＝1。

氧化剂的质量热值小于丁羟，氧化剂的添加会降低燃料的质量热值。空燃比相同时，添加氧化剂会降低发动机的比推力和比冲。氧化剂的添加会降低燃料的空燃比，当量比相同时，发动机中可实现更多燃料的燃烧，发动机理论放热量增加，比推力增加。氧化剂的密度相对较小，氧化剂的添加会降低燃料的能量密度，导致发动机体积比冲下降。

第3章

发动机内流场数值仿真及影响因素研究

发动机理论性能分析表明,相对于液体燃料,采用固体燃料的超燃冲压发动机可具备更高的比推力和体积比冲,对于体积受限且有大比推力需求的飞行器具有明显优势。通过理论分析给出采用固体燃料的超燃冲压发动机的理论性能,可以明确发动机的潜在优势和研究意义。

本章以固体火箭超燃冲压发动机燃烧室流场分析为背景,给出数值计算方法,分析富燃燃气射流对超声速流场的影响,包括射流的压力、角度及燃烧室构型等。分析过程主要关注射流对燃烧室的总体参数的影响,如富燃燃气的燃烧效率、燃烧室的总压损失、燃烧室内流场的结构等,可以为发动机燃烧室构型设计及富燃燃气射流参数选取提供参考。

3.1 数值计算方法及验证

实验是检验发动机性能最真实可靠的方法,但实验周期长、成本高,不利于大量开展,尤其是在发动机研制早期的选型及性能优化阶段。随着计算机运算能力的提高和计算模型的日趋完善,数值计算方法为发动机内的流场分析提供了有力的支撑。相对于实验而言,数值模拟成本低、周期短、研究范围更宽,可在较短的时间内完成多种构型的发动机在不同工况下的工作过程分析,为发动机构型设计及优化提供依据。同时,数值模拟可提供发动机内部完整的流场结构,有利于揭示实验中无法发现的流动及燃烧现象。实验测试与数值计算方法相辅相成,数值计算方法需要根据实验过程进行简化和建模,计算结果需要通过实验测量参数进行校验。同时,数值计算结果可指导实验方案的改进。

固体火箭超燃冲压发动机采用贫氧推进剂作为燃料,燃料在燃气发生器中一次燃烧后,产生的富燃燃气进入超声速燃烧室与空气进行二次燃烧。富燃燃气组分极为复杂,除含有大量的气相燃烧产物外,还有大量的凝相物质,如燃烧过程中凝结的碳颗粒、未完全反应的金属及其氧化物的液滴或颗粒等。富燃燃气进入超声速燃烧室后,与超声速气流掺混燃烧的过程中呈现出复杂的三维两相湍流燃烧特性。在富燃燃气与超声速气流的掺混燃烧过程中,需要考虑的模型主要包括气相控制方程模型、颗粒轨道模型、气相燃烧模型和湍流模型等。

本章采用 Fluent 软件对富燃燃气在超声速流场中的掺混燃烧过程进行数值模拟,主要研究内容如下:从质量、动量、能量三大守恒定律出发,建立两相流多组分化学反应湍流流动控制方程;采用拉格朗日方法模拟跟踪粒子的运动;通过用户自定义功能程序添加固体燃料的燃烧模型;通过添加源项的方式实现气固两相间的相互作用。

3.1.1 气相控制方程模型

发动机燃烧室中的气相控制方程采用笛卡儿坐标系下的多组分化学反应的雷诺平均守恒型纳维-斯托克斯(Navier-Stokes,N-S)方程进行描述,即

$$\frac{\partial U}{\partial t} + \frac{\partial E}{\partial x} + \frac{\partial F}{\partial y} + \frac{\partial G}{\partial z} = \frac{\partial E_v}{\partial x} + \frac{\partial F_v}{\partial y} + \frac{\partial G_v}{\partial z} + S \qquad (3.1)$$

式中,$U = (\rho \quad \rho u \quad \rho v \quad \rho \omega \quad e_t \quad \rho Y_i)^{\mathrm{T}}$,$\rho$ 为气体的密度,u、v、w 分别为沿坐标轴 x、y、z 方向的速度分量,Y_i 为各组分的质量分数,组分中 $i = 1, 2, \cdots, N_s - 1$,其中 N_s 为总的组分数;$E = [\rho u \quad \rho u^2 + P \quad \rho uv \quad \rho u\omega \quad u(e_t + P) \quad \rho uY_i]^{\mathrm{T}}$;$F = [\rho v \quad \rho vu \quad \rho v^2 + P \quad \rho v\omega \quad v(e_t + P) \quad \rho vY_i]^{\mathrm{T}}$;$G = [\rho w \quad \rho wu \quad \rho \omega v \quad \rho w^2 + P \quad w(e_t + P) \quad \rho wY_i]^{\mathrm{T}}$$w_i$,为各组分的质量生成率;$E_v = \left(0 \quad \tau_{xx} \quad \tau_{xy} \quad \tau_{xz} \quad u\tau_{xx} + v\tau_{xy} + w\tau_{xz} + q_x \quad \rho D_i \frac{\partial Y_i}{\partial x}\right)^{\mathrm{T}}$;$F_v = \left(0 \quad \tau_{xy} \quad \tau_{yy} \quad \tau_{yz} \quad u\tau_{xy} + v\tau_{yy} + w\tau_{yz} + q_y \quad \rho D_i \frac{\partial Y_i}{\partial y}\right)^{\mathrm{T}}$;$G_v = \left(0 \quad \tau_{zx} \quad \tau_{zy} \quad \tau_{zz} \quad u\tau_{zx} + v\tau_{zy} + w\tau_{zz} + q_z \quad \rho D_i \frac{\partial Y_i}{\partial z}\right)^{\mathrm{T}}$;$S = (S_{d,m} \quad S_{d,u} \quad S_{d,v} \quad S_{d,w} \quad S_{d,h} \quad w_i)^{\mathrm{T}}$,$S_{d,m}$、$S_{d,u}$、$S_{d,v}$、$S_{d,w}$、$S_{d,h}$ 为气/固两相相互作用源项和化学反应源项。

黏性应力张量 $\tau_{i,j}$ 如式(3.2)所示:

$$\begin{cases} \tau_{xx} = -\dfrac{2}{3}\mu(\nabla \cdot V) + 2\mu\dfrac{\partial u}{\partial x}, \quad \tau_{xy} = \tau_{yx} = \mu\left(\dfrac{\partial u}{\partial y} + \dfrac{\partial v}{\partial x}\right) \\[2mm] \tau_{yy} = -\dfrac{2}{3}\mu(\nabla \cdot V) + 2\mu\dfrac{\partial v}{\partial y}, \quad \tau_{yz} = \tau_{zy} = \mu\left(\dfrac{\partial v}{\partial z} + \dfrac{\partial w}{\partial y}\right) \\[2mm] \tau_{zz} = -\dfrac{2}{3}\mu(\nabla \cdot V) + 2\mu\dfrac{\partial w}{\partial z}, \quad \tau_{xz} = \tau_{zx} = \mu\left(\dfrac{\partial u}{\partial z} + \dfrac{\partial w}{\partial x}\right) \end{cases} \tag{3.2}$$

式中, μ 为黏性系数; V 为速度。

q_x、q_y、q_z 为热传导和组分扩散引起的能量通量, 计算如式(3.3)所示:

$$\begin{cases} q_x = k\dfrac{\partial T}{\partial x} + \rho\displaystyle\sum_{i=1}^{N_s} D_i h_i \dfrac{\partial Y_i}{\partial x} \\[3mm] q_y = k\dfrac{\partial T}{\partial y} + \rho\displaystyle\sum_{i=1}^{N_s} D_i h_i \dfrac{\partial Y_i}{\partial y} \\[3mm] q_z = k\dfrac{\partial T}{\partial z} + \rho\displaystyle\sum_{i=1}^{N_s} D_i h_i \dfrac{\partial Y_i}{\partial z} \end{cases} \tag{3.3}$$

式中, k 为导热系数; T 为温度; D_i 为混合物组分 i 的质量扩散系数。

单位体积内能 e 的计算如式(3.4)所示:

$$e = \sum_{i=1}^{N_s} \rho_i h_i + \frac{1}{2}\rho(u^2 + v^2 + w^2) - P \tag{3.4}$$

式中, h_i 为组分 i 的比焓; P 为压力。

各组元的焓值 h_i 可表示为温度的函数, 计算公式如下:

$$h_i = h_f^0 + \int_{T_0}^{T} c_{pi}\mathrm{d}T \tag{3.5}$$

各组分的比定压热容 c_{pi} 采用温度的多项式拟合, 计算公式如下:

$$c_{pi} = a_{0,i} + a_{1,i}T + a_{2,i}T^2 + a_{3,i}T^3 + a_{4,i}T^4 \tag{3.6}$$

式中, $a_{0,i}$、$a_{1,i}$、$a_{2,i}$、$a_{3,i}$、$a_{4,i}$ 为各组分具体系数, 参见热物理性质手册。

假设多组分气相混合物遵守理想气体状态方程, 且满足热力学平衡假设, 计算如式(3.7)所示:

$$P = RT\sum_{i=1}^{N_s} \frac{\rho_i}{M_i} \tag{3.7}$$

3.1.2   颗粒轨道模型

两相或多相流的模拟主要有两种模型,即拟流体模型和颗粒轨道模型。拟流体模型把颗粒相作为连续相处理,颗粒相、气相皆采用欧拉方法对流场控制方程进行求解,通常适用于计算颗粒相体积浓度大于 10% 的气液两相流模拟。拟流体模型的优点是可以全面考虑颗粒相的湍流输运,缺点是会产生伪扩散。颗粒轨道模型中把颗粒相作为离散相处理,先求解气相流场,再用流场参数计算颗粒相的受力情况,确定颗粒的运动轨道。气相求解过程采用欧拉方法,以空间点为对象进行求解。颗粒相的计算采用拉格朗日方法,以单个颗粒为对象进行计算。颗粒轨道模型的优点是不会产生伪扩散,可以模拟颗粒的燃烧、蒸发、碰撞、结团、破碎等过程,缺点是不能给出连续的颗粒速度、体积浓度等参数的空间分布。尽管燃气发生器中产生的富燃燃气中含有大量的凝相物质,但凝相的体积浓度远小于 10%。本节采用随机轨道模型来模拟颗粒在发动机内的运动。

在笛卡儿坐标系下,采用拉格朗日方法的颗粒动力学方程为

$$\frac{\mathrm{d}\boldsymbol{X}_p}{\mathrm{d}t} = \boldsymbol{V}_p \tag{3.8}$$

$$\frac{\mathrm{d}\boldsymbol{V}_p}{\mathrm{d}t} = \boldsymbol{F}_p + \boldsymbol{F} \tag{3.9}$$

式中,$\boldsymbol{X}_p$ 为颗粒位置矢量;$\boldsymbol{V}_p$ 为颗粒的速度矢量;$\boldsymbol{F}_p$ 为单位质量颗粒所受的阻力;$\boldsymbol{F}$ 为颗粒相所受的其他外力,包括附加质量力、压力梯度作用和体积力。

单位质量颗粒所受的阻力 $\boldsymbol{F}_p$ 为

$$\boldsymbol{F}_p = \frac{3}{4}\frac{C_D\rho}{\rho_p d_p}(\boldsymbol{V} - \boldsymbol{V}_p)\mid \boldsymbol{V} - \boldsymbol{V}_p \mid \tag{3.10}$$

式中,$\boldsymbol{V}$ 为气相的速度矢量;C_D 为曳力系数。

曳力系数 C_D 计算如下:

$$C_D = \begin{cases} \dfrac{24}{Re_p}\left(1 + \dfrac{1}{6}Re_p^{2/3}\right), & Re_p < 1\,000 \\[2mm] 0.44, & Re_p \geqslant 1\,000 \end{cases} \tag{3.11}$$

式中,Re_p 为颗粒雷诺数,计算如式(3.12)所示:

$$Re_p = \frac{\rho d_p \mid V - V_p \mid}{\mu} \tag{3.12}$$

式中，d_p 为颗粒直径。

颗粒的瞬时动量方程为

$$\frac{\mathrm{d}v_{ki}}{\mathrm{d}t} = \frac{v_i - v_{ki}}{\tau_r} = \frac{\bar{v}_i - v'_i - v_{ki}}{\tau_r} \tag{3.13}$$

式中，v_i、v_{ki} 分别为连续相和颗粒相的瞬时速度；$\bar{v}_i$ 为平均速度；v'_i 为脉动速度；τ_r 为颗粒的弛豫时间。

3.1.3　气相燃烧模型

对于由 N_r 个反应组成的化学反应系统，第 i 种组分的摩尔生成率为

$$R_i = M_{w,i} \sum_{r=1}^{N_r} \hat{R}_{i,r} \tag{3.14}$$

式中，$\hat{R}_{i,r}$ 为第 r 个反应中组分 i 的摩尔生成率；$M_{w,i}$ 为组分 i 的分子量。

第 r 个反应方程的一般形式如式（3.15）所示：

$$\sum_{i=1}^{N} v'_{i,r} A_i \xrightleftharpoons[k_{b,r}]{k_{f,r}} \sum_{i=1}^{N} v''_{i,r} A_i \tag{3.15}$$

式中，N 为反应总组分数、$v'_{i,r}$、$v''_{i,r}$ 分别代表反应中组分 i 的化学当量系数；A_i 是组分 i 的符号；$k_{f,r}$、$k_{b,r}$ 分别为正、逆向反应速率常数。

此时，第 r 个反应中组分 i 的摩尔生成率 $\hat{R}_{i,r}$ 为

$$\hat{R}_{i,r} = \Gamma(v''_{i,r} - v'_{i,r}) \left(k_{f,r} \prod_{j=i}^{N} [C_{j,r}]^{v'_{j,r}} - k_{b,r} \prod_{j=i}^{N} [C_{j,r}]^{v''_{j,r}} \right) \tag{3.16}$$

式中，$C_{j,r}$ 为组分 j 的摩尔浓度；$v'_{j,r}$、$v''_{j,r}$ 为反应中组分 j 的反应指数；Γ 代表第三体效应。

正向反应速率常数 $k_{f,r}$ 由 Arrhenius 公式给出，如式（3.17）所示：

$$k_{f,r} = A_r T^{\beta_r} \mathrm{e}^{-E_r/RT} \tag{3.17}$$

式中，A_r 为指前因子；β_r 为修正系数；E_r 为活化能；R 为气体常数。

在振动平衡假设下，逆向反应速率常数可由化学平衡常数得到，如式（3.18）所示：

$$k_{b,r} = k_{f,r}/K_r \tag{3.18}$$

化学平衡常数 K_r 可表示为

$$K_r = \exp(\Delta S_r^0/R - \Delta H_r^0/RT)(P_{\text{atm}}/RT)\sum_{r=1}^{N_r}(v_{i,r}'' - v_{i,r}') \tag{3.19}$$

$$\Delta S_r^0/R = \sum_{r=1}^{N_r}(v_{i,r}'' - v_{i,r}')S_i^0/R$$

$$\Delta H_r^0 = \sum_{r=1}^{N_r}(v_{i,r}'' - v_{i,r}')H_i^0/RT$$

式中，S_i^0、H_i^0 分别为标准状态组元熵和焓；P_{atm} 为标准大气压。

模拟化学反应动力学模型一般分成四类，分别为详细反应机理、基本反应机理、简化反应机理和总包反应机理，本节采用总包反应机理。燃烧模型采用有限速率/涡耗散模型，同时考虑了湍流混合和化学反应对燃烧的作用。

3.1.4 湍流模型

目前，湍流模拟方法大致可分为三类，分别为直接数值模拟(direct numerical simulation, DNS)方法、大涡模拟(large eddy simulation, LES)方法和雷诺平均纳维-斯托克斯(Reynolds-averaged Navier-Stokes, RANS)方法。其中，DNS 方法直接对 N-S 方程进行求解，计算精度高、计算量巨大，目前仅用于低雷诺数下简单流动的计算。LES 方法通过滤波处理，将流场中的大涡和小涡结构分开处理，认为大涡结构受流场结构的影响较大，先对大涡结构进行计算，然后通过求解附加方程得到小涡的解。LES 方法计算量小于 DNS 方法，但仍需要大量的计算，还无法用于大尺度发动机内流场的计算。目前广泛使用的湍流模拟方法为 RANS 方法，假设湍流中的流场变量由时均量和脉动量组成，引入 Boussinesq 假设，认为湍流雷诺应力和应变成正比，将湍流计算归结为对雷诺应力和应变间比例系数的计算。

本节采用 RANS 方法中的剪切应力输运(shear stress transport, SST)k-ω 模型进行求解。标准 k-ω 模型为双方模型，模型中包含低雷诺数、可压缩性和剪切流扩散的影响。SST k-ω 模型综合了标准 k-ω 模型在近壁面计算方面的优点和 k-ε 模型在远场计算的优点，将 k-ε 模型和标准 k-ω 模型乘以一个系数后加到这个模型中，实现近壁面和远离壁面区 k-ω 和 k-ε 的自动切换。

3.1.5 凝相燃烧模型

随着贫氧推进剂中氧气含量的减少,一次燃烧产物中的凝相物质逐渐增多。一次燃烧中的凝相物质主要为燃烧过程中凝结的碳颗粒、未完全燃烧的金属燃料及金属氧化物等,其中大多数固体燃料的一次燃烧产物中含量最多且普遍存在的凝相产物为碳颗粒。因此,本节数值计算中,凝相燃烧过程中仅考虑碳颗粒。

目前,碳颗粒燃烧模型主要有三种,分别为单膜模型、双膜模型和连续膜模型。目前理论较为完善的是由章明川、徐旭常和于娟等在连续膜模型基础上提出的移动火焰锋面(moving flame front,MFF)模型及改进的 MFF 模型,本章使用的是改进的 MFF 模型[104-106]。

改进的 MFF 模型进行如下假设:① 碳颗粒表面燃烧产物仅为一氧化碳;② 碳颗粒表面存在一氧化碳和氧气之间的氧化反应,以及碳和二氧化碳之间的还原反应;③ 碳颗粒着火前,不发生燃烧反应,着火后,碳颗粒表面附近的边界层内形成无限薄的火焰锋面;④ 火焰锋面位置由一氧化碳与氧气的反应速率最大的位置来确定。

改进的 MFF 模型中,碳燃烧速率表达式如式(3.20)和式(3.21)所示:

$$q_c = \frac{P_{go_2} + \dfrac{K_{sco_2}}{K_{so_2}} P_{gco_2}}{\dfrac{1}{K_{so_2}} + \dfrac{2}{K_{do_2}} - \dfrac{K_{sco_2}}{K_{so_2} K_{dco_2}}} \quad (K_{dco_2} > K_{so_2}) \tag{3.20}$$

$$q_c = \frac{P_{go_2} + \dfrac{\dfrac{1}{K_{so_2}} + \dfrac{1}{K_{do_2}}}{\dfrac{2}{K_{sco_2}} + \dfrac{1}{K_{dco_2}}\left(1 - \dfrac{K_{do_2}}{K_{so_2}}\right)}}{\left(\dfrac{1}{K_{so_2}} + \dfrac{1}{K_{do_2}}\right)\left[1.5 - 0.5\dfrac{1 + \dfrac{K_{do_2}}{K_{so_2}}}{1 + \dfrac{2K_{dco_2}}{K_{sco_2}} - \dfrac{K_{do_2}}{K_{so_2}}}\right]} \quad (K_{dco_2} \leqslant K_{so_2}) \tag{3.21}$$

式中, q_c 为碳颗粒表面燃烧速率; K_{do_2} 、 K_{dco_2} 分别为氧气和二氧化碳的扩散速率系数;$K_{s_{O_2}}$、$K_{s_{CO_2}}$ 分别为碳颗粒表面氧气和二氧化碳的扩散速率系数。

3.1.6 边界条件处理

1. 气相边界

固体火箭超燃冲压发动机燃烧室边界通常包括空气入口、燃气入口、燃烧室壁面和燃烧室出口四部分,各部分的边界条件如下。

(1)燃烧室壁面边界采用无滑移绝热壁面条件,壁面粗糙度根据发动机壁面材料及加工精度给定。

(2)空气及燃气入口采用压力入口条件,给定参数包括总压、静压和总温等,具体参数根据实验条件给定。空气组分由氮气和氧气组成,其中氧气的质量分数为23.3%。燃气的组分和各组分质量分数根据不同的推进剂及其工作压强,由热力计算程序计算得到。

(3)燃烧室出口条件为压力出口条件,给定出口的静压及总温。

2. 凝相边界

燃气发生器产生的富燃燃气中除气相组分外,还存在大量的凝相成分,包括固态碳颗粒、未完全反应的金属颗粒或金属氧化物。根据本节研究采用的推进剂类型,一次燃烧产生的富燃燃气中的主要凝相成分为固态碳颗粒。

凝相边界条件主要包括颗粒的进入条件和颗粒在壁面的作用条件两类。颗粒和富燃燃气经燃气入口进入燃烧室,同时需给定颗粒的粒径分布、温度、速度和质量等参数。

(1)颗粒粒径分布。颗粒的粒径对颗粒在流场中的运行轨道、沉积、烧蚀,以及燃烧效率有较大的影响。粒径分布受推进剂的配方、一次燃烧的压力、装药尺寸等多种因素影响。针对燃气发生器一次燃烧产物中粒径分布的研究相对较少,根据本节采用推进剂类型,一次燃烧产物以碳颗粒为主,碳颗粒的粒径分布根据参考文献[107]给定。

(2)颗粒进入速度。颗粒的进入速度通常滞后于燃气,与气相速度之比 ζ 小于1,本节数值模拟中,ζ 取0.7。

(3)颗粒温度取富燃燃气出口尾喷管喉部静温。

(4)颗粒在壁面的边界条件。颗粒在壁面的边界条件主要有四种:反射(reflect)模型、捕获(trap)模型、逃逸(escape)模型和壁面射流(wall jet)模型。本节数值模拟中,凝相组分以碳颗粒为主,碳颗粒以固体形式存在,不易沉积于壁面,所以采用壁面反射模型。

3.2　算例验证

3.2.1　物理模型及网格

本节采用已有的实验数据,验证数值模拟模型。数值模拟采用的发动机结构与实验发动机结构相同,为减小计算量,计算中仅模拟发动机在超声速燃烧室内的流动燃烧过程,即不包括燃气发生器内部的流动燃烧过程,数值计算物理模型及网格如图 3.1 所示。燃烧室入口参数根据实验中加热器的出口参数给定,燃气发生器出口参数及组分根据实验测得数据,通过热力计算程序确定。

图 3.1　数值计算物理模型及网格

数值计算网格采用 ANSYS 公司的 ICEM 软件生成,为三维结构网格。对近壁面及型面明显变化处附近的网格进行局部加密,壁面首层网格高度为 0.01 mm,壁面附近 y^+ 为 20,总计算域内的计算节点数为 986 816。

3.2.2　计算方法

采用 Fluent 软件基于密度的隐式格式求解三维 N-S 方程。采用基于控制体中心的有限体积法对控制方程进行空间离散,对流项采用具有 Roe 通量限制因子的二阶迎风矢通量分裂差分格式,扩散项采用二阶中心差分格式。其中,黏性项为中心差分格式,湍流项采用 SST $k-\omega$ 模型,燃烧模型采用有限速率涡耗散模型,采用三步化学反应过程,主要化学反应方程如下:

$$H_2 + 0.5O_2 \longrightarrow H_2O$$

$$CO + 0.5O_2 \longrightarrow CO_2$$

$$Mg + 0.5O_2 \longrightarrow MgO$$

3.2.3　边界条件

数值模拟边界包括空气入口、燃气入口、燃烧室出口及壁面,其具体输入参数如表 3.1 所示。

表 3.1　边界输入参数

边界	类型	总压/MPa	总温/K	马赫数	静压/kPa
空气入口	压力入口	0.8	850	1.6	—
燃气入口	压力入口	1.0/1.25/1.5	2 200	1.0	—
燃烧室出口	压力出口	—	300	—	100
燃烧室壁面	无滑移壁面	—	—	—	—

燃烧室进出口空气由氮气和氧气组成,其中氧气质量分数为 23.3%。燃气入口组分根据燃气发生器工作参数,由热力计算程序确定。燃气发生器出口富燃燃气组分非常复杂,包括气相组分和凝相组分。表 3.2 中列出的气相组分有 22 种,凝相有 2 种。如此多的组分与空气进行化学反应,其产物组分将更加繁多,每个化学反应又有各自的平衡常数,完全而详尽地模拟燃烧室内的全部的化学反应几乎是不可能的,需要进行适当的简化处理。

含镁推进剂在 1 MPa 下燃烧产物的主要组分如表 3.2 所示。在确保对计算结果影响较小的前提下,为减少计算量,可以对富燃燃气组分进行简化处理,简化后的气相组分为 CO、CO_2、H_2、H_2O、Mg、MgO、$MgCl$ 和 N_2,凝相组分为 C 和 MgO,各自的质量分数如表 3.3 所示。

表 3.2　含镁推进剂在 1 MPa 下燃烧产物的主要组分

气相组分	CH_4	CO	C_2H_4	H	HCN	H_2
摩尔量	0.007 83	3.156 14	0.000 14	0.029 54	0.083 27	15.144 80
气相组分	$MgCl_2$	NgN	$MgOH$	N_2	$AlCl$	CH_3
摩尔量	1.194 87	0.000 27	0.001 65	1.319 99	0.000 02	0.000 38
气相组分	CO_2	C_2H_2	Cl	HCl	$MgCl$	MgH
摩尔量	0.000 2	0.020 13	0.000 10	0.070 50	0.263 34	0.232 55
气相组分	Mg	CN	MgO	NH_3		
摩尔量	11.053 91	0.000 01	0.000 01	0.000 13		
凝相组分	C	MgO				
摩尔量	9.910 36	7.825 32				

表 3.3　简化后的富燃燃气各组分质量分数

气相组分 （56.5%）	H_2	CO	Mg	$MgCl_2$
质量分数	5.399 5%	16.256 3%	48.281 2%	23.478 8%
气相组分 （56.5%）	H_2O	CO_2	MgO	N_2
质量分数	0.001 5%	0.000 2%	0.000 1%	6.582 4%
凝相组分 （43.5%）	C	MgO		
质量分数	27.532 8%	72.467 2%		

3.2.4　计算结果校验

发动机直连实验过程中,由于燃气发生器压力升高,燃烧室中的压力也随之上升。取燃气发生器工作压力分别为 1.0 MPa、1.25 MPa 和 1.5 MPa 的三个瞬时,对发动机燃烧室内的流动燃烧过程进行模拟,数值计算结果与发动机实测的壁面压力数据如图 3.2 所示。对比可知,数值计算结果与实验测量值吻合较好,壁面压力分布及燃烧室反压上移情况均得到反映,说明所采用的数值模型及计

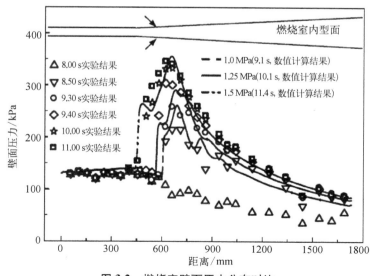

图 3.2　燃烧室壁面压力分布对比

算方法可以较好地模拟发动机燃烧室的工作过程,数值模型及计算方法可行。

3.3　富燃燃气射流对燃烧室流场结构的影响

固体火箭超燃冲压发动机工作过程中,固体燃料首先在燃气发生器中自维持燃烧,燃烧产生的高温富燃燃气以射流的方式进入超声速燃烧室,与空气二次掺混燃烧,富燃燃气进入超声速燃烧室的过程与超声速气流中壁面射流掺混过程相似。在超燃冲压发动机研究背景下,国内外学者已对超声速流场中的壁面射流掺混过程进行了广泛的研究,但对于高温富燃燃气射流过程的分析相对较少。燃气发生器中产生的高温富燃燃气中含有大量的活性可燃组分,其中包括未完全燃烧的气相组分、燃烧过程中的中间产物及最终产物、已加热或点燃的金属颗粒、未燃尽的碳颗粒等。相对于超声速气流中的气相射流过程,高温富燃燃气射流具有三个特点,分别为高温、富燃和含有大量的凝相组分。

3.3.1　富燃燃气射流特点

固体火箭超燃冲压发动机工作过程中,富燃燃气以射流的方式进入燃烧室的过程与超声速气流中壁面射流掺混过程相似。典型的单相、欠膨胀超声速横向射流结构如图3.3所示,射流从壁面进入燃烧室,对来流形成阻碍,在射流前形成弓形激波,弓形激波与边界层相互作用,使射流前的边界层分离,在射流前形成回流区。主流绕过射流形成马蹄涡,在射流下游与驻点间形成另一个回流区。回流区的存在增加了射流的驻留时间,增强了射流与主流的掺混。射流进

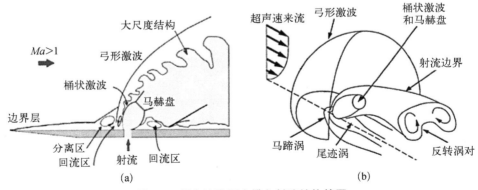

图3.3　超声速流场中横向射流结构简图

入主流后,形成桶状激波,旋涡分布于桶状激波的周围并随射流向下游偏转,射流与主流之间存在强烈的剪切作用,同时射流、羽流中还会形成大尺度的反转涡对,在剪切作用和反转涡对的作用下,加剧射流与主流的掺混。

富燃燃气射流与纯气体射流的差别主要体现在三个方面,即高温、富燃和含有大量凝相组分。本节将通过三个算例对富燃燃气射流特点进行分析,计算所采用的物理模型如图 3.4 所示,对应的尺寸如表 3.4 所示,数值计算边界条件如表 3.5 所示。富燃燃气组分根据碳氢贫氧推进剂一次燃烧产物中的组分简化得到,简化后,气相组分仅考虑 CO、H_2 和 N_2,其质量分数分别为 51.82%、11.52% 和 36.66%;凝相组分仅考虑碳颗粒,碳颗粒质量为气相质量的 21.7%。

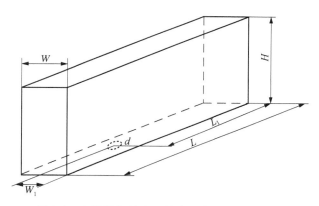

图 3.4　富燃燃气射流及燃烧特点分析物理模型

表 3.4　数值计算物理模型具体尺寸

L/mm	L_1/mm	W/mm	W_1/mm	H/mm	d/mm
700	500	50	25	100	10

表 3.5　Case-1~Case-3 数值计算边界条件

编　号	空　气　入　口			燃　气　入　口			出　口	备　　注
	总压/MPa	静压/kPa	总温/K	总压/MPa	总温/K	马赫数	静压/kPa	
Case-1	1.6	80	1 500	1.5	300	1	10	掺混流场
Case-2	1.6	80	1 500	1.5	1 700	1	10	掺混流场
Case-3	1.6	80	1 500	1.5	1 700	1	10	二次燃烧流场

3.3.2　富燃燃气射流温度的影响

Case-1 和 Case-2 的数值计算边界条件除燃气入口总温外完全相同，Case-1 中富燃燃气入口总温为 300 K，相当于常温气体射流；Case-2 中富燃燃气入口总温为 1 700 K，与燃气发生器产生的富燃燃气总温相近。通过对比 Case-1 和 Case-2，可以分析富燃燃气高温特点对燃气射流在超声速燃烧室中掺混过程的影响。此处引入掺混效率，其定义如式（3.22a）所示。

$$\eta_m = \frac{\dot{m}_{\text{fuel, mixed}}}{\dot{m}_{\text{fuel, total}}} = \frac{\int \alpha_{\text{react}} \rho u \mathrm{d}A}{\int \alpha \rho u \mathrm{d}A} \tag{3.22a}$$

$$\alpha_{\text{react}} = \begin{cases} \alpha, & \alpha \leqslant \alpha_{\text{stoic}} \\ \alpha_{\text{stoic}} \dfrac{1-\alpha}{1-\alpha_{\text{stoic}}}, & \alpha > \alpha_{\text{stoic}} \end{cases} \tag{3.22b}$$

式中，$\dot{m}_{\text{fuel, mixed}}$ 和 $\dot{m}_{\text{fuel, total}}$ 分别为掺混燃料的质量流量和燃料的总质量流量；α 为燃料的质量分数；α_{react} 为能够参与反应的燃料的质量分数；α_{stoic} 为当量比为 1.0 时燃料的质量分数。

富燃燃气中可燃气体沿流向的掺混效率如图 3.5 所示，图中结果表明，增加射流总温可以缩短射流与主流空气的掺混距离，使之在相对较短的距离内达到较高的掺混效率。

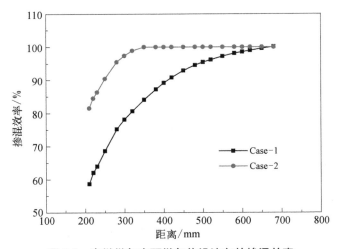

图 3.5　富燃燃气中可燃气体沿流向的掺混效率

燃烧室对称面流场结构如图 3.6~图 3.10 所示,图中 $T_{t,inj}$ 表示燃气射流总量。燃烧室中壁面射流结构与典型的超声速气流中的横向射流结构相似,但略

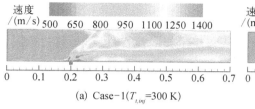
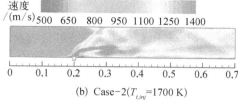

(a) Case-1($T_{t,inj}$=300 K)　　　　　(b) Case-2($T_{t,inj}$=1700 K)

图 3.6　燃烧室对称面速度分布云图

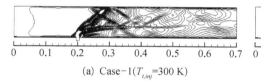
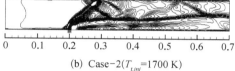

(a) Case-1($T_{t,inj}$=300 K)　　　　　(b) Case-2($T_{t,inj}$=1700 K)

图 3.7　燃烧室对称面密度等值线图

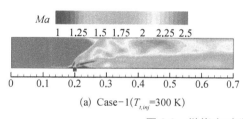
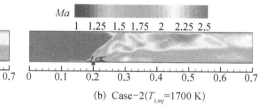

(a) Case-1($T_{t,inj}$=300 K)　　　　　(b) Case-2($T_{t,inj}$=1700 K)

图 3.8　燃烧室对称面马赫数分布云图

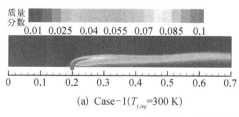
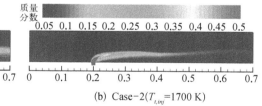

(a) Case-1($T_{t,inj}$=300 K)　　　　　(b) Case-2($T_{t,inj}$=1700 K)

图 3.9　燃烧室对称面 CO 分布云图

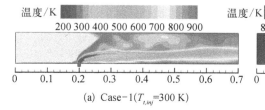
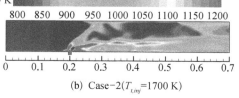

(a) Case-1($T_{t,inj}$=300 K)　　　　　(b) Case-2($T_{t,inj}$=1700 K)

图 3.10　燃烧室对称面温度分布云图

有不同。燃烧室高度通常有限,射流产生的弓形激波作用于上壁面后,会引起上壁面边界层分离,形成分离激波。分离激波与弓形激波相交后反射,再次作用于上壁面和射流的剪切层,在壁面与剪切层之间形成一系列的波系结构,有助于燃气射流与主流空气在剪切层中掺混。

Case-1 和 Case-2 中的燃气射流总压和静压相同,射流出口马赫数相同,燃烧室流场中的马赫数分布基本相同,如图 3.8 所示。射流出口动压相同时,射流与主流的动量比相同,射流的穿透度也基本相同,如图 3.9 所示。

燃气射流总温增加,对射流出口的静压、马赫数等均无影响,主要影响体现在射流速度和密度上。射流出口马赫数相同时,高温射流出口温度和当地声速越高,对应的射流速度越高,如图 3.6 所示。燃气进入燃烧室后,随主流向下游偏转,Case-1 中的射流速度小于主流,Case-2 中的射流速度略高于主流。射流温度高,则密度小,主流与射流的剪切层更加明显,壁面和剪切层间的波系结构也更为明显。

高温燃气在进入燃烧室的同时,会将大量的热量带入燃烧室,使燃烧室的温度升高,如图 3.10 所示。但富燃燃气所带入的热量有限,燃烧室的整体温度变化不大,不足以引起燃烧室压力的明显变化,如图 3.11 和图 3.12 所示。

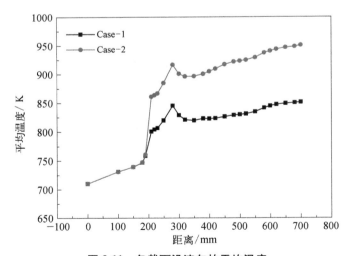

图 3.11　各截面沿流向的平均温度

燃烧室各截面沿流向的平均总压如图 3.13 所示,图中结果表明,Case-1 和 Case-2 中的总压分布基本相同,表明射流总温增加对燃烧室总压损失影响不大。

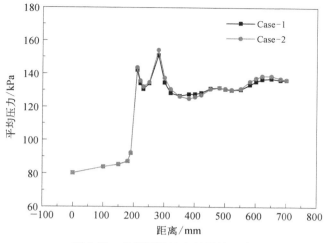

图 3.12　各截面沿流向的平均压力

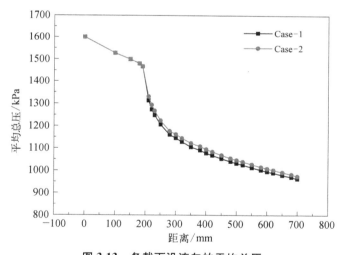

图 3.13　各截面沿流向的平均总压

综上可知,射流总温增加对射流出口参数的影响不大,所以流场结构基本相同,总压损失相近。高温射流进入燃烧室时会带入一定的热量,但不足以引起燃烧室内流场结构的明显变化。射流总温的增加,有助于增加射流与主流掺混,缩短掺混距离。

3.3.3　富燃燃气射流流场结构

Case - 2 和 Case - 3 的数值计算边界条件完全相同,不同的是 Case - 2 中只计算富燃燃气在超声速气流中的掺混流场,Case－3 在 Case－2 的基础上计算富燃燃气在超声速气流中的二次燃烧流场。燃气发生器中一次燃烧产生的富燃燃气组分比较复杂,包含气相组分和凝相组分。分析燃烧室中富燃燃气二次燃烧的燃烧效率时,应分别统计气相组分和凝相组分的燃烧效率。气相组分的燃烧效率计算如式(3.23)所示,凝相组分的燃烧效率计算如式(3.24)所示。

$$\eta_{\text{gas}} = \frac{\dot{m}_{i,g,e} \sum\limits_{i=1}^{n} Y_{i,g} \eta_{i,g} Q_{i,g}}{\dot{m}_{i,g,\text{in}} \sum\limits_{i=1}^{n} Y_{i,g} Q_{i,g}} \tag{3.23}$$

$$\eta_{c} = 1 - \frac{\dot{m}_{c,e}}{\dot{m}_{c,\text{in}}} \tag{3.24}$$

式中,η_{gas} 为可燃气体的燃烧效率;η_{c} 为碳颗粒的燃烧效率;$\dot{m}_{i,g,e}$、$\dot{m}_{i,g,\text{in}}$ 分别为第 i 种气体组分在补燃室出入口的质量流量;$\dot{m}_{c,e}$、$\dot{m}_{c,\text{in}}$ 分别为碳颗粒在补燃室出入口的质量流量;$Y_{i,g}$ 为第 i 种气体占气体总质量的质量分数;$Q_{i,g}$ 为燃烧热,碳颗粒为 $0.327\,9 \times 10^{8}$ J/kg,氢气为 1.208×10^{8} J/kg,一氧化碳为 0.101×10^{8} J/kg。

固体燃料在燃气发生器中一次燃烧后进入超声速燃烧室二次燃烧,燃烧过程中前期相对较慢的化学反应过程在燃气发生器中已基本完成,富燃燃气在超声速燃烧室中与空气适当掺混即可二次燃烧。燃烧室中可燃气体沿流向的燃烧效率如图 3.14 所示,富燃燃气进入燃烧室后,在 300 mm 内可完成气相可燃气体的燃烧。

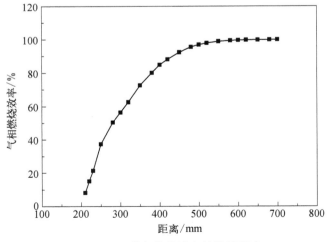

图 3.14 可燃气体沿流向的燃烧效率

图 3.15~图 3.17 分别给出了掺混和燃烧状态下燃烧室对称面内的流场结构。在掺混流场中,富燃燃气的进入会带入一定的热量,但热量有限,不会引起燃烧室压力产生明显变化;燃烧流场中,富燃燃气二次燃烧放热量较大,燃烧室温度上升明显,燃烧室压力也随之上升,分别如图 3.18 和图 3.19 所示。在下游

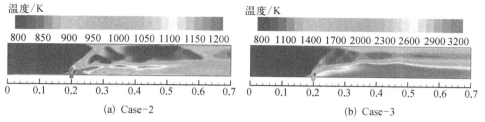

图 3.15　燃烧室对称面温度分布云图(Case-2 和 Case-3)

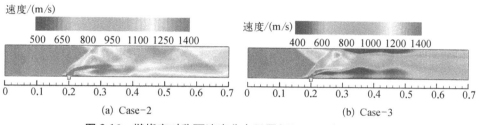

图 3.16　燃烧室对称面速度分布云图(Case-2 和 Case-3)

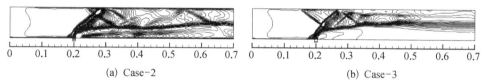

图 3.17　燃烧室对称面密度等值线图(Case-2 和 Case-3)

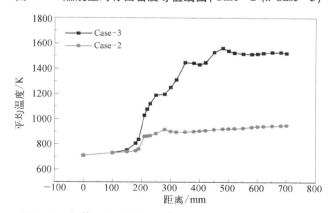

图 3.18　各截面沿流向的平均温度(Case-2 和 Case-3)

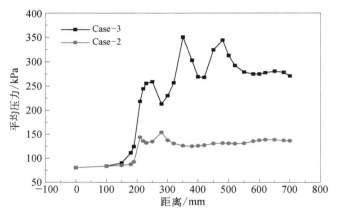

图 3.19 各截面沿流向的平均压力(Case‒2 和 Case‒3)

压力作用下,射流下游边界层分离,如图 3.16 所示。射流后边界层分离区与射流后的回流区相连,形成一个较大的低速区,低速区的存在为富燃燃烧与空气的掺混燃烧提供了有利条件,燃烧室高温区主要集中在射流下游的低速分离区,如图 3.15 所示。

在燃烧流场中,富燃燃气二次燃烧,促使燃烧室压力上升,并引起边界层分离,下游压力沿边界层向上游传播,如图 3.17 所示。燃烧流场中燃烧室上壁面分离激波的位置相对于掺混流场更加趋向上游,分离激波与射流引起的弓形激波相交后反射,在上壁面的分离区和下壁面的剪切层之间形成波系结构,燃烧流场中剪切层的位置更加靠近主流。

各截面沿流向的平均总压如图 3.20 所示,图中结果显示,在射流点附近,燃烧室总压下降显著,此后沿流向缓慢下降。结合前面的流场结构图分析认为,射流点附近的燃烧室总压损失主要来自射流前附近的激波损失。射流下游的总压损失主要由掺混燃烧引起,相对于掺混流场,燃烧流场中的放热会引起下游压力升高,在高反压作用下,射流点附近的波系结构强度增加,燃烧流场中的总压损失高于掺混流场。

燃气发生器中产生的富燃燃气温度较高,燃气中的气相组分在燃烧室中与空气掺混后,可在相对较短的距离内完成燃烧。燃烧使下游压力增加,引起边界层分离。射流下游的边界层附近存在分离区,有利于燃料与空气的掺混放热,燃烧室的高温区集中在此区域。放热引起下游压力升高,压力沿边界层向上游传播,同时增加了射流附近波系结构的强度,导致燃烧室总压损失增大。

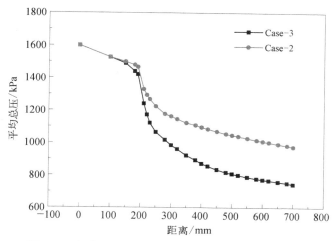

图 3.20　各截面沿流向的平均总压(Case - 2 和 Case - 3)

3.3.4　富燃燃气凝相分布及燃烧特点

凝相在燃烧室的燃烧过程极其复杂,影响因素很多,如颗粒的初温、粒径 d、在燃烧室的驻留时间、运动轨道等。本节没有对颗粒在超声速燃烧室中的燃烧机理及影响因素进行详细研究,仅对当前工况下颗粒的运动轨道及粒径变化进行描述,分析燃烧室中颗粒燃烧存在的问题。

富燃燃气中的凝相颗粒随气相组分进入燃烧室,凝相颗粒的速度通常小于气相组分速度,但质量远高于气相组分。凝相颗粒的动量高于气相组分,随气相组分进入燃烧室后,具有更高的穿透度。

不同粒径的碳颗粒在燃烧室中的运动轨道及粒径变化如图 3.21 所示。凝相颗粒动量高于气相组分,进入燃烧室后,穿透度远高于气相组分,可穿过流场,达到燃烧室上壁面附近。随着碳颗粒粒径的增加,碳颗粒的动量增大,穿过主流到达上壁面,碳颗粒不易于黏结在壁面上,达到壁面后通常会反弹,再次进入燃

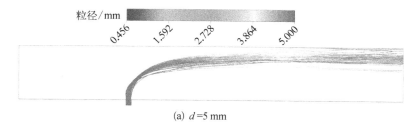

(a) d=5 mm

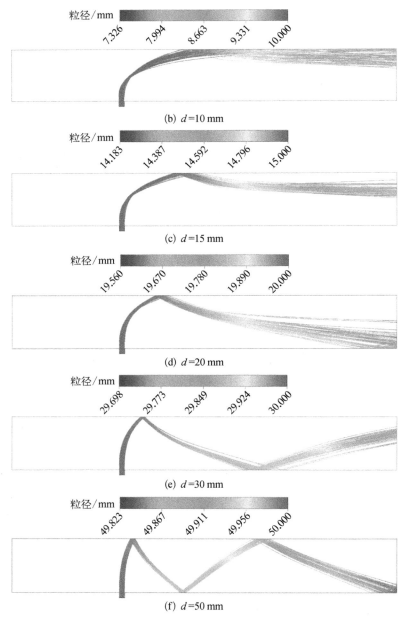

图 3.21　不同粒径碳颗粒的运动轨道及粒径变化

烧室。当碳颗粒的动量足够大时,甚至可在上下壁面之间往返。此外,图中结果显示,与气相组分燃烧区域不同,碳颗粒的燃烧区域(粒径变化较大的区域)主要集中在燃烧室的中下游区。分析认为,超声速燃烧室中的气体速度较快,碳颗粒驻留时间短,而碳颗粒的燃烧时间要长于气相组分,因此在燃烧室下游区域燃烧放热。

　　不同粒径的碳颗粒在燃烧室中的沿轴燃烧效率如图 3.22 所示,从图中可知,随着碳颗粒粒径的增加,碳颗粒的沿轴燃烧效率下降。碳颗粒粒径大时,传热慢,点火和燃烧过程相对较长,尽管粒径大的碳颗粒动量更大,但其在上下壁面的往返会增加驻留时间,所以燃烧效率仍然很低。

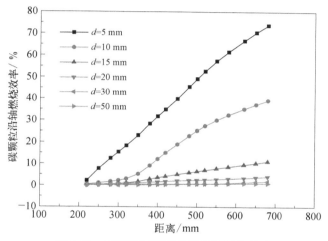

图 3.22　不同粒径碳颗粒的沿轴燃烧效率

　　燃烧室中碳颗粒的燃烧效率不仅与碳颗粒的粒径有关,还与碳颗粒的分布相关。结合燃烧室对称面内的流场结构可知,射流下游燃烧室自上而下大致可分为三个区域,分别为射流下游下壁面的低速区、中心主流的高速区、上壁面边界层分离产生的低速区。射流下游下壁面是富燃燃气中气相组分燃烧放热的区域,此区域速度低、温度高,但氧气浓度相对较低,有利于碳颗粒的预热,但不利于碳颗粒的燃烧。中心主流区速度高、温度低,且此区域中碳颗粒驻留时间短,不利于碳颗粒的燃烧。上壁面边界层分离区速度低,温度相对中心主流区较高,且氧气浓度较高,有利于点火后的碳颗粒在此区域中维持燃烧。

　　相对于气相组分,碳颗粒相具有较高的动量,在燃烧室中穿透度较高,可穿过主流,甚至在上下壁面间往返。相对于气相组分,碳颗粒燃烧放热区域主要集中在燃烧室的中下游。碳颗粒粒径对燃烧效率的影响较大,小颗粒易于燃烧,大颗粒难以燃烧。此外,碳颗粒的燃烧效率还与碳颗粒分布相关。

3.4　射流压力对燃烧室流场结构的影响

　　燃气发生器工作过程中,由于喉部存在沉积现象,以及燃面退移不平整等,燃气发生器的工作压力会上升,与之对应的是富燃燃气射流总压增大,燃气质量流量增加。本节通过三个算例分析富燃燃气射流总压的增大对燃烧室内燃烧效率及流场结构的影响。

　　数值计算的模型及尺寸与3.2节相同,详见图3.1和表3.4。数值计算的边界条件如表3.6所示,Case-4~Case-6中主流空气的来流条件相同,射流边界条件除总压外均相同,射流总压依次为1.0 MPa、2.0 MPa和3.0 MPa。

表 3.6　Case-4~Case-6数值计算边界条件

编　号	空　气　入　口			燃　气　入　口			出口静 压/kPa
	总压/MPa	静压/kPa	总温/K	总压/MPa	总温/K	马赫数	
Case-4	1.6	80	1 500	1.0	1 700	1	10
Case-5	1.6	80	1 500	2.0	1 700	1	10
Case-6	1.6	80	1 500	3.0	1 700	1	10

　　富燃燃气中各截面可燃气体沿流向的燃烧效率如图3.23所示。从表面来看,Case-5中富燃燃气燃烧效率最高,Case-4次之,Case-6最低。实际上,

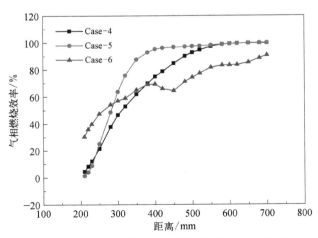

图 3.23　各截面可燃气体沿流向的燃烧效率(Case-4~Case-6)

Case－6 中各截面沿流向已燃烧的气相组分质量大于 Case－5 和 Case－4。喷孔尺寸相同时,富燃燃气质量流量与射流总压呈正比,即 Case－5 和 Case－6 中的射流质量流量分别为 Case－4 的 2 倍和 3 倍。虽然 Case－6 的富燃燃气的燃烧效率低于 Case－4 和 Case－5,但实际燃烧的富燃燃气质量流量远高于 Case－4 和 Case－5。各截面沿流向已燃烧的气相组分质量如图 3.24 所示。结合图 3.23 和图 3.24 可知,随着射流总压的增加,相同质量的富燃燃气可以在更短的距离内完成燃烧,即射流总压增加可提高富燃燃气的燃烧效率。

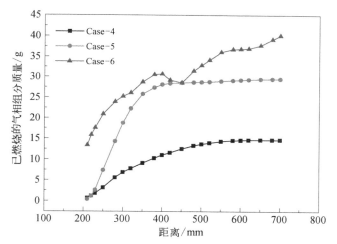

图 3.24　各截面沿流向已燃烧的气相组分质量(Case－4~Case－6)

图 3.25~图 3.27 为不同射流总压($p_{t,inj}$)下燃烧室对称面的流场结构。射流总压增加时,射流出口动压增加,射流与主流的动压比增加,富燃燃气的穿透度提高。燃烧室中富燃燃气燃烧产生的高温区更接近主流,如图 3.25 所示。

随着射流总压增加,富燃燃气质量流量增加,富燃燃气在燃烧室二次燃烧放热量增加,射流下游压力增加,边界层分离区域增大。燃烧室下游压力沿边界层向上游,边界层分离点前移,如图 3.26 所示。

如图 3.27 所示,射流总压较小时(Case－4),射流穿透度较低,对主流空气的阻碍作用相对较小,射流前弓形激波强度较低,作用于上壁面后不足以引起上壁面分离,上壁面没有产生分离激波。当射流总压增加后(Case－5),射流的穿透度增强,对来流的阻碍作用增大,射流前的弓形激波强度增加,作用于上壁面后引起边界层分离,分离前形成分离激波,分离激波与弓形激波相交反射后,在下游上壁面分离边界与下壁面剪切层间形成一系列复杂的波系结构。随着射流

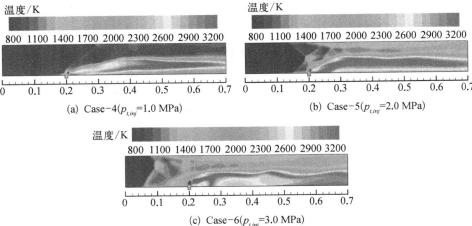

(a) Case-4($p_{t,inj}$=1.0 MPa)

(b) Case-5($p_{t,inj}$=2.0 MPa)

(c) Case-6($p_{t,inj}$=3.0 MPa)

图 3.25　燃烧室对称面温度分布云图(Case-4~Case-6)

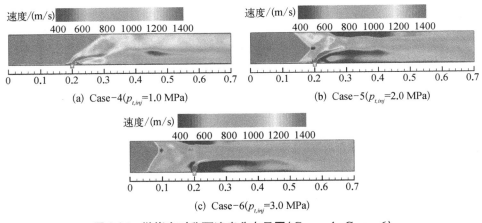

(a) Case-4($p_{t,inj}$=1.0 MPa)

(b) Case-5($p_{t,inj}$=2.0 MPa)

(c) Case-6($p_{t,inj}$=3.0 MPa)

图 3.26　燃烧室对称面速度分布云图(Case-4~Case-6)

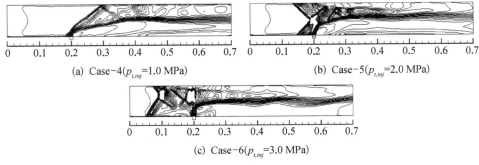

(a) Case-4($p_{t,inj}$=1.0 MPa)

(b) Case-5($p_{t,inj}$=2.0 MPa)

(c) Case-6($p_{t,inj}$=3.0 MPa)

图 3.27　燃烧室对称面密度等值线图(Case-4~Case-6)

总压进一步增加(Case-6),射流穿透度继续增强,射流前的弓形激波强度也增加。进入燃烧室中的富燃燃气质量流量增加,放热量增大,下游压力增加,且沿边界层向上游传播。在下游压力的作用下,边界层分离点向射流点上游传播,在射流前形成激波串结构。激波串的存在使下游的压力和温度升高,减小了主流速度,有利于富燃燃气与空气的掺混和燃烧,但会产生更高的总压损失。

燃烧室各截面沿流向的平均总压如图 3.28 所示,随着射流总压的增加,燃烧室出口的平均总压下降。燃烧室的总压损失主要来自两个方面,一方面是燃烧室中的激波损失,主要集中于射流附近及射流上游;另一方面是掺混和燃烧过程中产生的总压损失。其中,激波损失是燃烧室总压损失的主要来源。射流总压越高,射流前引起的波系的强度越高,燃烧室的总压损失越大。

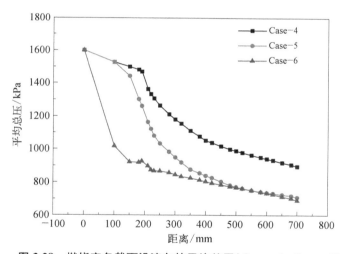

图 3.28　燃烧室各截面沿流向的平均总压(Case-4~Case-6)

通过对比 Case-4 和 Case-5 可知,Case-4 中的射流总压较高,射流点附近的激波强度高,此处总压损失较大。射流下游,富燃燃气与空气掺混燃烧的过程中,二者的总压损失接近。Case-5 中富燃燃气质量流量大,放热量高,掺混燃烧过程中产生的总压损失较高,如图 3.28 和图 3.29 所示。

通过对比 Case-5 和 Cass-6 可知,Case-6 中射流前形成激波串结构,激波串导致燃烧室产生了较大的总压损失。但总体来看,Case-5 和 Case-6 中燃烧室的总压损失接近。分析认为,虽然 Case-6 中射流前形成的激波串导致燃烧

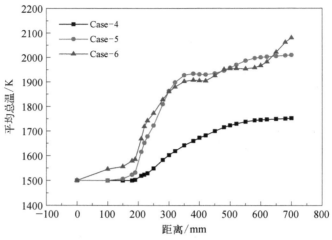

图 3.29   燃烧室各截面沿流向的平均总温(Case - 4 ~ Case - 6)

室产生了较大的总压损失,但激波串降低了燃烧室的马赫数,减少了掺混和燃烧过程产生的总压损失,如瑞利加热损失等。

　　燃烧室各截面颗粒相沿轴向的燃烧效率如图 3.30 所示,由图可知,射流总压较小时,颗粒相的燃烧效率很低,几乎没有燃烧。随着射流总压增加,颗粒相沿轴向的燃烧效率逐渐提高。

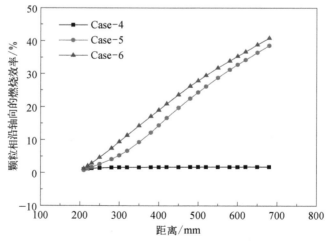

图 3.30   颗粒相沿轴向的燃烧效率(Case - 4 ~ Case - 6)

　　颗粒粒径沿运动轨道的变化情况如图 3.31 所示。结合燃烧室流场结构可知,射流总压较小时(Case - 4),射流前的激波强度较低,射流后的燃烧室速度相对较高,颗粒相的驻留时间短,燃烧效率很低。随着射流总压增加(Case－5 和 Case－6),射流前的激波强度增大,燃烧室中的气流压力和温度上升,速度降低,颗粒相的驻留时间相对增加。在射流下游反压作用下,引起边界层分离,分离区温度高、速度低,为颗粒相燃烧提供了一个较好的条件,故燃烧室中颗粒相的燃烧效率随着富燃燃气射流总压的增加而提高。

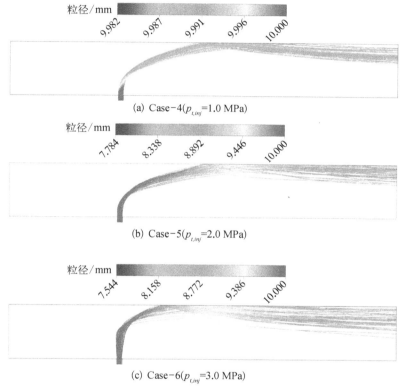

(a) Case-4($p_{t,inj}$=1.0 MPa)

(b) Case-5($p_{t,inj}$=2.0 MPa)

(c) Case-6($p_{t,inj}$=3.0 MPa)

图 3.31　颗粒粒径沿运动轨道的变化情况(Case－4~Case－6)

　　综上可知,富燃燃气射流总压的增加,可提高射流的穿透度,有利于射流与主流的掺混燃烧。随着射流总压增加,质量流量增加,下游放热量增加,压力上升,可引起边界层分离。边界层分离区温度高、速度低,有利于燃料的燃烧。下游压力会沿边界层向中游传播,在射流上游引起激波串结构,激波串的存在可使下游的压力和温度上升,减缓主流速度,有利于富燃燃气与空气掺混燃烧,但会产生较大的总压损失,如果边界层分离点进一步上移,会影响进气道的工作性能。

3.5　射流角度对燃烧室流场结构的影响

本节主要分析射流角度 $\alpha_{t,inj}$ 对富燃燃气在燃烧室中的燃烧效率及流场结构的影响,数值计算的模型及尺寸详见图 3.1,富燃燃气射流与主流的夹角不同,本节研究的射流角度为 30°、45°、60°、90° 和 135°,其中 135° 为逆向 45° 射流,对应的算例为 Case-7~Case-11。

各截面可燃气体沿流向的燃烧效率如图 3.32 所示,图中结果表明,随着射流角度的增加,富燃燃气达到相同燃烧效率所需要的距离缩短,即射流角度的增加有利于富燃燃气与主流的掺混燃烧。其中,射流角度为 30° 和 45° 时的射流燃烧效率相近,射流角度为 60° 和 90° 时的射流燃烧效率相近。燃烧效率相近时,射流角度增加有利于提高射流下游近场的燃烧效率。

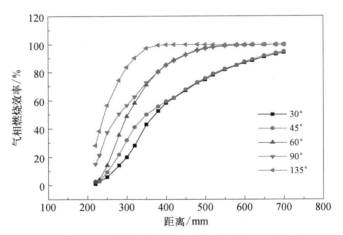

图 3.32　各截面可燃气体沿流向的燃烧效率(Case-7~Case-11)

燃烧室对称面流场结构如图 3.33~图 3.35 所示,各截面沿流向的平均温度和平均压力见图 3.36 和图 3.37。由图可知,射流角度较小(30° 和 45°)时,射流的穿透度较低,对来流的阻碍作用相对较小,射流前弓形激波的强度较低,作用于上壁面后不会引起边界层分离。射流角度较小(30° 和 45°)时,射流在主流方向的分速度相对较大,燃料的驻留时间也相对较短,这些都不利于射流与主流的掺混燃烧,掺混燃烧需要较长的距离,燃烧室的高温区集中在燃烧室出口附近。燃烧室的温度和压力上升平缓,当地逆压梯度较小,不易引起壁面边界层的分离。

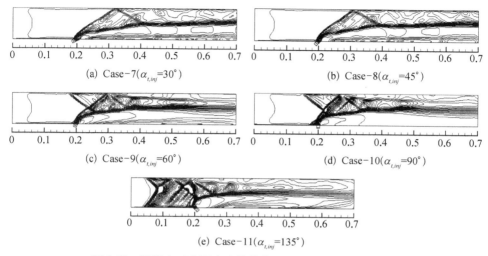

(a) Case-7($\alpha_{t,inj}$=30°)　　　　　　　(b) Case-8($\alpha_{t,inj}$=45°)

(c) Case-9($\alpha_{t,inj}$=60°)　　　　　　　(d) Case-10($\alpha_{t,inj}$=90°)

(e) Case-11($\alpha_{t,inj}$=135°)

图 3.33　燃烧室对称面密度等值线图(Case-7~Case-11)

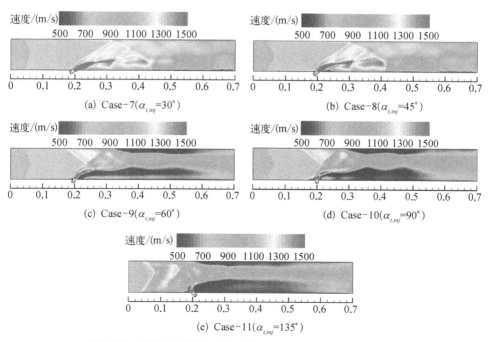

(a) Case-7($\alpha_{t,inj}$=30°)　　　　　　　(b) Case-8($\alpha_{t,inj}$=45°)

(c) Case-9($\alpha_{t,inj}$=60°)　　　　　　　(d) Case-10($\alpha_{t,inj}$=90°)

(e) Case-11($\alpha_{t,inj}$=135°)

图 3.34　燃烧室对称面速度分布云图(Case-7~Case-11)

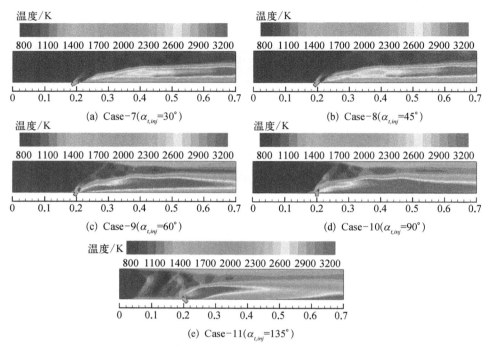

(a) Case−7($\alpha_{t,inj}$=30°)

(b) Case−8($\alpha_{t,inj}$=45°)

(c) Case−9($\alpha_{t,inj}$=60°)

(d) Case−10($\alpha_{t,inj}$=90°)

(e) Case−11($\alpha_{t,inj}$=135°)

图 3.35   燃烧室对称面温度分布云图（Case−7～Case−11）

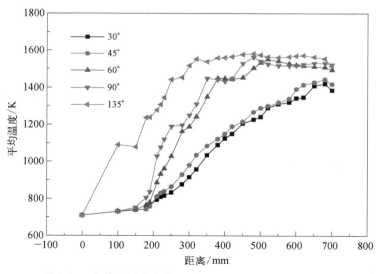

图 3.36   各截面沿流向的平均温度（Case−7～Case−11）

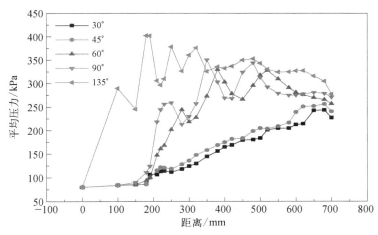

图 3.37　各截面沿流向的平均压力(Case - 7 ~ Case - 11)

　　射流角度较大(60°和 90°)时,射流穿透度较高,对来流的阻碍作用明显,射流前的弓形激波强度增加。大角度射流有利于射流与主流在近场的掺混燃烧,燃烧室中的温度和压力在相对较短的距离内上升,当地逆压梯度较大,可引起边界层分离,且下游压力沿边界层向上游传播,射流点附近上壁面形成分离激波,分离激波与弓形激波相交反射后,在上壁面边界层分离区与射流剪切层间形成波系结构,有利于剪切层中的掺混。射流后的边界层分离区速度较低,有利于富燃燃气与空气的掺混,燃烧室高温区集中在射流后边界层分离区。

　　逆向射流(135°)时,射流与主流冲击,有利于射流与主流的掺混燃烧。燃烧室中的放热区更为靠前,且温度和压力上升所需的距离较短,当地逆压梯度大,可引起边界层分离。压力沿边界层上移,在射流前形成激波串结构,激波串的存在可提高下游的温度和压力,有利于燃料的燃烧,但会产生较大的总压损失。

　　燃烧室沿流向各截面的平均总压如图 3.38 所示,由图可知,随着射流角度的增加,燃烧室出口的平均总压降低。燃烧室中的总压损失主要来自射流附近及上游激波损失、射流下游掺混燃烧和加热损失,其中激波损失为总压损失的主要来源。不同射流角度所产生的总压损失差别主要体现在射流附近及上游的激波损失。随着射流角度的增加,射流与主流掺混燃烧距离缩短,放热量更为集中,射流附近及上游激波强度增加,激波损失增大,燃烧室总压损失增加。

　　燃烧室各截面颗粒相沿流向的燃烧效率如图 3.39 所示,图中结果显示,颗

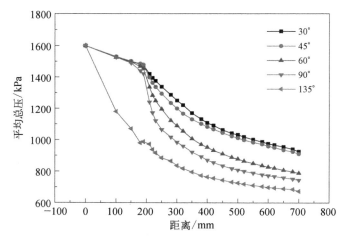

图 3.38 沿流向各截面的平均总压(Case - 7~ Case - 11)

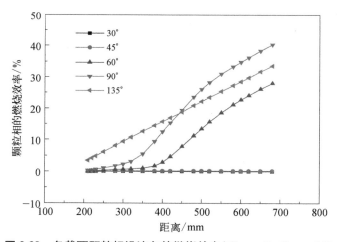

图 3.39 各截面颗粒相沿流向的燃烧效率(Case - 7~ Case - 11)

粒相的燃烧集中在燃烧室的中下游区域,随着射流角度的增加,颗粒相的燃烧效率提高。

颗粒粒径随运动轨道的变化情况如图 3.40 所示,由图可知,射流角度较小时,射流沿流向的分速度较大,射流在燃烧室中的驻留时间较短;富燃燃气在燃烧室中的掺混燃烧距离较长,放热量不集中,不易引起边界层分离;射流引起的激波强度低,燃烧室整体温度和压力较低。以上原因综合导致小角度射流中颗粒相的燃烧效率较低。

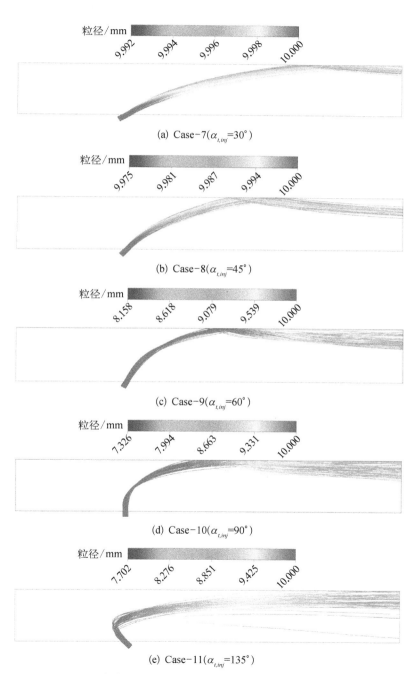

(a) Case-7($\alpha_{t,inj}=30°$)

(b) Case-8($\alpha_{t,inj}=45°$)

(c) Case-9($\alpha_{t,inj}=60°$)

(d) Case-10($\alpha_{t,inj}=90°$)

(e) Case-11($\alpha_{t,inj}=135°$)

图 3.40　颗粒粒径随运动轨道的变化情况（Case-7~Case-11）

射流角度增加后（60°、90°和135°），射流与主流的掺混效果较好，燃烧放热量相对集中，可引起边界层分离，形成低速分离区，颗粒相穿过流场，进入低速分离区，有利于颗粒相的驻留和燃烧。射流前的波系结构增强，燃烧室的整体压力和温度增加，有利于颗粒相的燃烧。

综上可知，射流角度的增加有利于射流与空气的掺混燃烧，随着射流角度的增加，射流穿透度提高，增强了与空气在近场的掺混效果，燃烧放热量集中，在射流附近及上游形成波系结构，增加了燃烧室的温度和压力，有利于射流与空气的掺混燃烧。但随着射流角度的增加，燃烧室的总压损失也会增加。

3.6   燃烧室空间尺寸对燃烧室流场结构的影响

本节针对燃烧室空间尺寸对富燃燃气的射流燃烧效率及燃烧室流场结构的影响进行分析，主要包括两个方面，一方面是在燃烧室截面面积相同时，分析燃烧室高度对射流燃烧效率及流场结构的影响；另一方面是在燃烧室高度相同时，分析燃烧室截面面积大小对射流燃烧效率及流场结构的影响。

数值计算物理模型与图3.4相同，对应的具体尺寸如表3.7所示，计算边界条件与 Case - 3 相同。其中，前3个算例中，燃烧室截面面积相同，高度依次减半，用于分析燃烧室截面面积相同时，燃烧室高度对射流燃烧效率和流场结构的影响。Case - 13 和 Case - 15 中，燃烧室的高度相同，截面面积不同，用于分析截面面积对射流燃烧效率和流场结构的影响。

表 3.7   燃烧室构型参数

编 号	L/mm	L_1/mm	W/mm	W_1/mm	H/mm	d/mm
Case - 12	700	500	50	25	100	10
Case - 13	700	500	100	50	50	10
Case - 14	700	500	200	100	25	10
Case - 15	700	500	80	40	50	10

3.6.1   燃烧室高度对燃烧室流场结构的影响

Case - 12 ~ Case - 14 中各截面可燃气体沿流向的燃烧效率如图3.41所示。图中结果显示，Case - 12 和 Case - 13 中的燃烧效率沿轴向变化基本相同，

Case - 14中燃烧效率相对较低。燃烧室对称面流场结构如图 3.42 ～图 3.44 所示,Case - 12 的燃烧室高度相对较高,射流进入燃烧室后,在接近燃烧室高度一半的位置随主流向下游传播,在射流下游上下壁面处均存在分离的低速区(图 3.42)。下游低速区主要由射流的阻挡形成,富燃燃气主要在此区域与空气二次掺混燃烧放热(图 3.43)。富燃燃气二次燃烧放热,燃烧室压力上升,在逆压梯度的作用下,引起上壁面边界层分离,燃烧室下游压力沿边界层向上游传播,在射流前的上壁面形成分离激波,分离激波与射流前形成的弓形激波相交后再次作用于壁面,在上下壁面的分离区之间形成一系列的波系结构(图 3.44)。

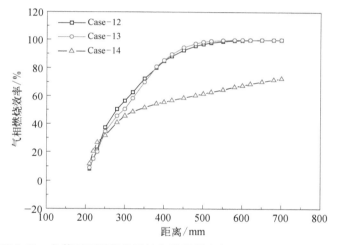

图 3.41   各截面可燃气体沿流向燃烧效率(Case - 12 ～ Case - 14)

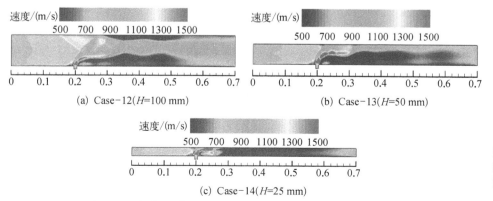

图 3.42   燃烧室对称面速度分布云图(Case - 12 ～ Case - 14)

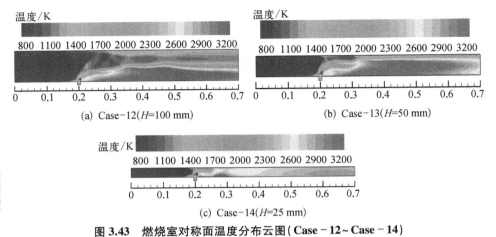

温度/K

800 1100 1400 1700 2000 2300 2600 2900 3200

(a) Case-12(*H*=100 mm)

温度/K

800 1100 1400 1700 2000 2300 2600 2900 3200

(b) Case-13(*H*=50 mm)

温度/K

800 1100 1400 1700 2000 2300 2600 2900 3200

(c) Case-14(*H*=25 mm)

图 3.43 燃烧室对称面温度分布云图(Case-12~Case-14)

(a) Case-12(*H*=100 mm)

(b) Case-13(*H*=50 mm)

(c) Case-14(*H*=25 mm)

图 3.44 燃烧室对称面密度等值线图(Case-12~Case-14)

Case-13 中燃烧室高度为 Case-12 的一半,射流接近上表面。在射流的阻挡下,射流下游下壁面附近仍存在较大的低速分离区(图 3.42),富燃燃气主要在此区域与空气掺混燃烧(图 3.43)。Case-13 与 Case-12 中燃烧室截面面积相同,在高度减半的同时,宽度增加一倍,上表面形成的分离区厚度也随之变小,但整体结构与 Case-12 相同,气相燃烧效率分布也相似。Case-14 中射流直接达到上壁面,燃烧室对称面上射流下游形成较大的低速分离区,射流达到上壁后,射流与主流之间剪切层的掺混效果变弱,燃烧效率较低。

从燃烧室的波系结构来看,燃烧室截面面积相同时,高度对燃烧室波系前移的影响不大,即高度的减小不会引起反压的上移,如图 3.44 所示。另外,燃烧室中的总压损失也基本相同,如图 3.45 所示。

各截面颗粒相沿流向的燃烧效率和颗粒粒径沿运动轨道的变化情况分别如

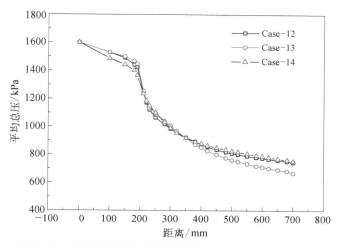

图 3.45　各截面沿流向的平均总压(Case－12～Case－14)

图 3.46 和图 3.47 所示。随着燃烧室高度的降低,燃烧室的颗粒相燃烧效率整体
呈下降趋势。Case－12 中,颗粒相进入燃烧室后,分布于燃烧室上表面的低速
区,此区域氧气充足,利于颗粒相燃烧。Case－13 中,颗粒相作用于燃烧室上表
面后,反射进入下表面高温区,此区域温度较高,但氧气浓度较低,故燃烧效率小
于 Case－12。Case－14 中,颗粒相在燃烧室中的分散情况较好,但颗粒相处于燃
烧室的高温低氧区,燃烧效率较低。

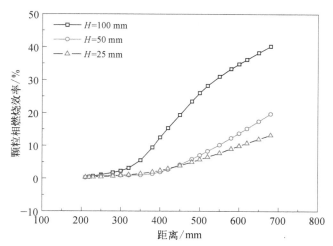

图 3.46　各截面颗粒相沿流向的燃烧效率(Case－12～Case－14)

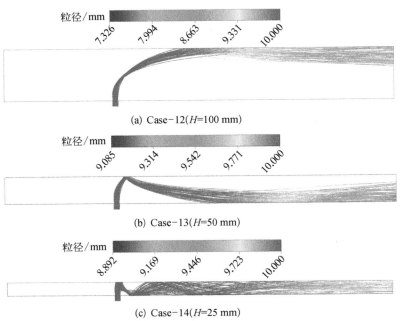

(a) Case‐12(*H*=100 mm)

(b) Case‐13(*H*=50 mm)

(c) Case‐14(*H*=25 mm)

图 3.47 颗粒粒径沿运动轨道的变化情况(Case‐12~Case‐14)

3.6.2 燃烧室截面面积对燃烧室流场结构的影响

Case‐13 和 Case‐15 中的燃烧室高度相同,截面面积不同(即宽度 *W* 不同),燃烧室各截面可燃气体沿流向的燃烧效率如图 3.48 所示,由图可知,截面面积小的构型(Case‐15)中,气相可以在相对较短的距离内完成燃烧。

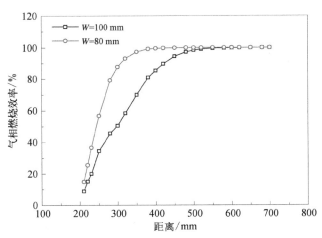

图 3.48 各截面可燃气体沿流向的燃烧效率(Case‐13 和 Case‐15)

燃烧室对称面流场结构如图 3.49 和图 3.50 所示,由图可知,燃烧室截面面积减小,燃烧室反压向上游传播明显,射流前形成激波串结构,激波串起点已到达燃烧室入口附近,如果反压进一步增加或燃烧室截面面积进一步减小,激波串将超出隔离段,进入进气道,导致进气道不起动。

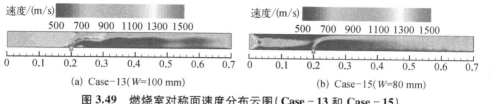

(a) Case-13(W=100 mm)　　　　　(b) Case-15(W=80 mm)

图 3.49　燃烧室对称面速度分布云图(Case - 13 和 Case - 15)

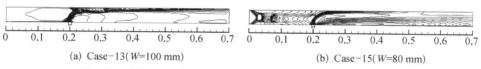

(a) Case-13(W=100 mm)　　　　　(b) Case-15(W=80 mm)

图 3.50　燃烧室对称面密度等值线图(Case - 13 和 Case - 15)

射流前激波串的存在,有助于提高燃烧室温度和压力。同时,降低来流的总压损失,提高射流与主流的动压比,提高射流的穿透度,有利于射流与主流的掺混燃烧。激波串所带来的不利影响主要体现在增加了射流附近燃烧室的总压损失,但同时也降低了下游的掺混燃烧损失,所以燃烧室出口处的总压损失略低但相差不大,如图 3.51 所示。

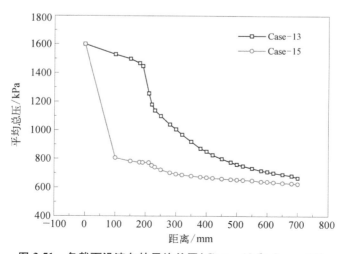

图 3.51　各截面沿流向的平均总压(Case - 13 和 Case - 15)

燃烧室内颗粒相的燃烧效率如图 3.52 所示,图中结果显示,燃烧室截面面积相对较小时,燃烧室内颗粒相的燃烧效率更高。燃烧室截面面积较小(Case - 15)时,下游易于产生热壅塞,射流上游易形成激波串结构。在激波串结构的作用下,燃烧室温度和压力增加,有利于颗粒相的燃烧。此外,颗粒相的燃烧效率还与颗粒相的分布有关,Case - 13 中,颗粒相分布在燃烧室下壁面的高温低氧区,燃烧效率相对较低;Case - 15 中,颗粒相更加分散,有利于颗粒相的燃烧,如图 3.53 所示。

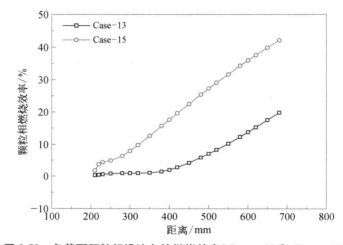

图 3.52   各截面颗粒相沿流向的燃烧效率(Case - 13 和 Case - 15)

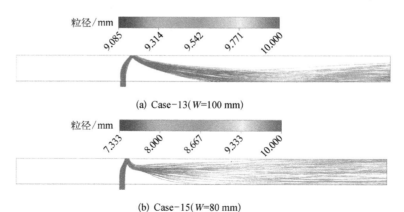

图 3.53   颗粒相粒径随运动轨道的变化情况(Case - 13 和 Case - 15)

综上可知,燃烧室反压上移与燃烧室的截面面积大小相关,截面面积小时,易形成热壅塞,压力易于上移,在射流上游形成激波串结构。激波串结构的形成可提高燃烧室的温度和压力,增加射流与主流的动压比,提高射流穿透度,有利于射流与空气的燃烧。但激波串结构会造成较大的总压损失,且激波串前移严重时会导致进气道不起动。燃烧室高度对燃烧室中的掺混燃烧过程影响不大,但燃烧室高度应高于射流的穿透度,否则会影响射流与空气的掺混,降低燃烧效率。

3.7　后向台阶对燃烧室流场结构的影响

前面分析表明,增加射流压力和射流角度等可以提高燃烧室中的燃烧效率,但下游反压会沿边界层向上游传播,在射流前形成激波串结构。激波串的存在有利于下游的掺混燃烧,但激波串前移易导致进气道不起动。燃烧室中射流上游激波串前移与燃烧室截面面积尺寸相关,增加燃烧室截面面积可减小压力上移距离。除整体增加燃烧室截面面积外,分析认为,通过后向台阶来增加燃烧室局部面积,同样可减小压力上移,本节将通过数值计算对此设想进行验证。

后向台阶燃烧室物理模型如图 3.54 所示,对应的尺寸如表 3.8 所示。计算边界条件与 Case-15 相同,此节对应的算例为 Case-16。通过对比 Case-16 与 Case-15,验证后向台阶对减小燃烧室下游反压上移的作用。

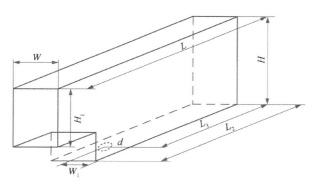

图 3.54　后向台阶燃烧室物理模型

表 3.8　数值计算具体尺寸

编　号	L/mm	L_1/mm	L_2/mm	W/mm	W_1/mm	H/mm	H_1/mm	d/mm
Case-15	700	500	—	80	40	50	50	10
Case-16	700	500	530	80	40	60	50	10

燃烧室对称面密度等值线图和燃烧室各截面沿流向的平均总压分别如图 3.55 和图 3.56 所示,图中结果表明,后向台阶的存在可有效降低燃烧室反压上

(a) Case-15　　　　　　　　　　　(b) Case-16

图 3.55　燃烧室对称面密度等值线图(Case－15 和 Case－16)

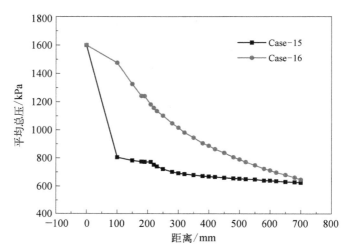

图 3.56　各截面沿流向的平均总压(Case－15 和 Case－16)

移距离,降低射流前激波产生的总压损失。

　　燃烧室各截面可燃气体沿流向的燃烧效率和颗粒相的燃烧效率分别如图 3.57 和图 3.58 所示。由图可知,后向台阶的存在减弱了射流与主流的掺混效

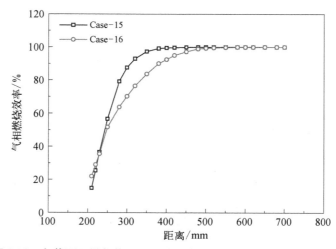

图 3.57　各截面可燃气体沿流向的燃烧效率(Case－15 和 Case－16)

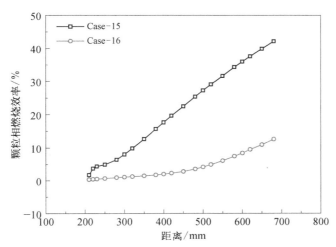

图 3.58 各截面沿流向的颗粒相燃烧效率(Case‐15 和 Case‐16)

果,可燃气体燃烧需要更长的距离,颗粒相的燃烧效率也有所下降。

综上可知,后向台阶的存在,可有效减小燃烧室反压上移的距离,降低射流前激波产生的总压损失。但后向台阶的存在会降低射流与空气的掺混效果,增大燃烧室气相燃烧距离,降低颗粒相的燃烧效率。

第 4 章

发动机地面直连实验研究

理论分析和数值模拟为发动机设计及性能分析提供了基本方法,然而,无论是理论分析还是数值模拟均是在一定的简化假设基础上进行的,不能完全反映发动机真实的工作性能。实验测试仍是发动机研制过程中的关键环节,理论分析及数值模拟结果的正确性也需要通过发动机实验进行验证。本章将通过地面直连式实验系统,对固体火箭超燃冲压发动机的工作性能进行测试,并对前面所述的理论性能分析结果和数值模拟结果进行验证。

4.1 实验系统

4.1.1 实验装置

与火箭发动机不同,超燃冲压发动机的工作性能受飞行工况的影响较大。地面实验中,通过加热器设备与尾喷管相结合,来模拟高空高速飞行工况下的来流环境。根据实验目的,地面实验系统可分为自由射流实验系统和直连式实验系统两种。自由射流实验系统相当于一个小型的风洞,实验部件(包括进气道、燃烧室和尾喷管)全部放置到尾喷管形成的超声速射流中,可同时测定发动机各部件之间的匹配性能,适用于发动机整机性能测试。直连式实验系统中,设备提供的实验气流全部进入发动机,通常用于发动机单个部件的性能测试,如燃烧室的点火及火焰稳定性能等。相对于自由射流实验系统,直连式实验系统结构相对简单,成本低,易于实现。本章主要进行发动机燃烧室的工作性能评估和测试,在直连式实验系统中开展。

直连式实验系统主要包括空气加热器、尾喷管、发动机模型、控制和数据采集系统,如图 4.1 所示。高压空气进入空气加热器,加热至所需的温度和压力,经尾喷管加速后进入燃烧室。尾喷管出口参数与飞行工况下的进气道出口参数相同,以此来模拟飞行状态下的燃烧室入口条件,进而开展燃烧室工作性能测试。

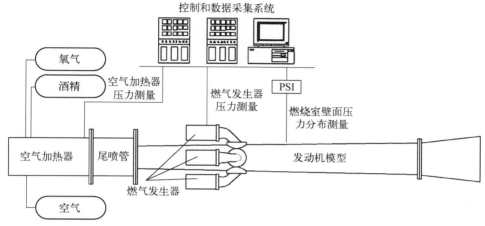

图 4.1　直连式实验系统

空气加热器的主要加热方式有四种,分别为电弧加热式、蓄热式、燃烧加热式和采用激波管加热,前两种设备的实验费用十分昂贵,而激波管难以长时间工作,因此本节实验采用的是目前广泛使用的燃烧加热式空气加热器。采用酒精/氧气/空气三组元空气加热器,通过燃烧补氧的方式保持燃烧室入口气体中氧气的摩尔分数为 21%。

采用直连式实验系统模拟的飞行工况有两种,一种是飞行高度为 17 km、Ma 4;另一种是飞行高度为 23 km、Ma 5.5。两种工况对应的空气加热器工作参数及尾喷管出口参数如表 4.1 所示。

表 4.1　空气加热器工作参数和尾喷管出口参数

工况	飞行高度/km	飞行马赫数	燃烧室温度/K	燃烧室压力/MPa	尾喷管出口马赫数	质量流量/(kg/s)
1	17	4	850	0.8	1.6	≈9
2	23	5.5	1 500	1.65	2.6	≈1

4.1.2　实验发动机构型

固体火箭超燃冲压发动机主要由进气道、燃烧室、燃气发生器和尾喷管四部分组成。固体推进剂首先在燃气发生器中燃烧,燃烧产生的富燃燃气进入燃烧室,与经进气道压缩的超声速气流二次掺混燃烧,燃烧产生的富燃燃气经尾喷管膨胀产生推力。燃气发生器的安装位置通常有两种,一种是安装在进气道的中锥,富燃燃气与气流平行进入燃烧室;另一种是安装在发动机侧壁,富燃燃气以横向射流的形式进入燃烧室。前期研究表明,燃气发生器安装于头部时,富燃燃气驻留时间短、掺混及燃烧效率低,本节主要针对发动机侧壁安装燃气发生器的构型进行研究。

　　本节实验中所采用的燃烧室构型大致分为两类,一类为轴对称构型;另一类为矩形燃烧室构型,如图 4.2 所示。矩形燃烧室构型也分为两种,一种

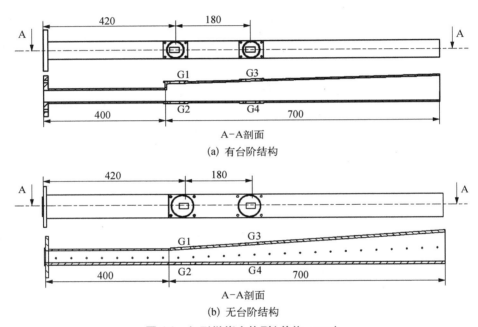

(a) 有台阶结构

(b) 无台阶结构

图 4.2　矩形燃烧室构型(单位: mm)

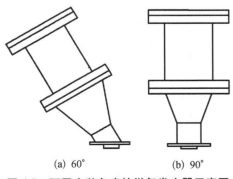

(a) 60°　　(b) 90°

图 4.3　不同安装角度的燃气发生器示意图

为有台阶的,如图 4.2(a)所示;另一种为无台阶的,如图 4.2(b)所示。为方便比较,两种矩形燃烧室构型的进出口面积相同,即燃烧室总膨胀比相同。矩形燃烧室内设有 4 个燃气发生器接口(G1～G4),可同时安装 1～4 个燃气发生器。燃气发生器的安装角度可分为两种,分别为 60° 和 90°,如图 4.3 所示。

4.1.3　实验测量方案

受实验条件及测量手段的影响,实验中的测量数据有限,地面发动机实验过程中的测量数据主要包括推力、压力、温度和质量流量。其中,推力为实验台推力;压力包括空气加热器工作压力、燃气发生器工作压力、燃烧室壁面压力分布、燃烧室出口总压和静压、供应系统管路压力;温度为燃烧室出口总温;质量流量指空气加热器燃烧室各组分的质量流量。

推力是发动机性能评估的一个关键参数,直连式实验系统中无法直接测量发动机的推力,但可以测量实验台的推力,然后转换为发动机的推力。实验台架分为动架和静架两部分,动架悬挂于静架之上,如图 4.4 所示。实验系统安装在动架上,空气加热器前段通过推力传感器与实验台静架相连接。根据实验需求的不同,推力传感器量程可更换,本节实验中采用的推力传感器量程分为 1 t 和 300 kg 两种,精度为全量程的 1‰。

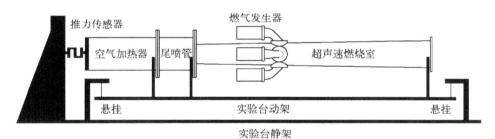

图 4.4　实验台推力测量示意图

压力是冲压发动机测试中最普遍的测量参数,实验中的高压数据采用压力传感器测量,如空气加热器管路压力、空气加热器工作压力、燃气发生器工作压力等。压力传感器的量程有 2 MPa、5 MPa 和 10 MPa,精度为全量程的 1‰。低压数据的采集采用压力扫描阀,如燃烧室壁面压力分布等。压力扫描阀型号为 Model – 9116,量程为 0~100 kPa,测量频率为 500 Hz,精度为总量程的 ±0.05%。空气加热器各组分质量流量采用涡轮流量计进行测量,测量精度为 0.2%。实验中所有传感器数据由 PXI 测量系统通过以太网进行采集。

实验系统及发动机燃烧室内部压力均通过壁面开设的测压孔进行测量,测压孔通过测压管与传感器连接。燃烧室出口的总压通过总压耙进行测量,根据燃烧室出口截面形状,设计加工了两种总压耙,总压耙的结构及测点的分布如图 4.5 和图 4.6 所示。安装轴对称燃烧室出口总压耙时,测点 1 与燃烧室轴线重合;安装矩形燃烧室出口总压耙时,中间测点与出口截面中点重合。总压耙上安装了温度传感器,温度传感器采用钨铼热电偶,量程为 0~2 300℃,精度为总量程的±0.2%,温度传感器结构简图如图 4.7 所示。

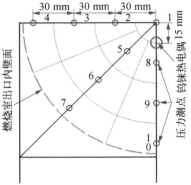

图 4.5　轴对称燃烧室出口总压耙结构及测点分布

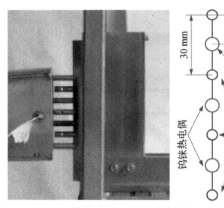

图 4.6　矩形燃烧室出口总压耙结构及测点分布　　**图 4.7　温度传感器结构简图**

4.1.4　推进剂及点火方案

实验采用两种推进剂,分别为含镁贫氧推进剂和碳氢贫氧推进剂。含镁贫氧推进剂主要成分为金属镁粉、丁羟和高氯酸铵,其中金属镁粉的质量占 50%。碳氢贫氧推进剂的主要成分为丁羟、正十一烷、镁铝合金、高氯酸铵,其中正十一烷的质量占 27%,镁铝合金的质量占 10%。两种推进剂的药柱直径分别为 65 mm 和 100 mm,推进剂端面如图 4.8 所示。

推进剂采用烟火点火器点火,烟火点火器主要由点火药、药包和点火头组成,实验中由测控系统输出电信号触发点火头起爆,点火药瞬间释放高能量,点

(a) 碳氢贫氧推进剂　　　　　　　(b) 含镁贫氧推进剂

图 4.8　推进剂端面照片

燃推进剂。点火药的主要成分为黑火药,添加少量的复合药和金属粉末,点火药的质量流量由燃气发生器中的自由容积大小和推进剂的点火特性决定。

4.2　实验数据处理方法

4.2.1　空气加热器出口参数评估方法

空气加热器的主要作用是模拟设定飞行工况的来流条件,主要模拟参数包括空气加热器出口(隔离段入口)的总温、总压及马赫数,结合几何结构参数可确定质量流量。实验可测的参数为空气加热器燃烧室壁面压力、进入空气加热器燃烧室各组分的质量流量及尾喷管扩张比。实验采用酒精燃烧加热式空气加热器,空气加热器中的酒精含量直接决定了出口气流的总温,出口气流的总压取决于空气加热器燃烧室的自由容积及经过尾喷管的流动损失,出口马赫数按照尾喷管的扩张比进行计算。而采用热力计算的总温与空气加热器内部测量的总温误差较小,所以计算时可直接使用热力计算结果进行处理。尽管如此,出口总压和马赫数的计算中仍忽略了有限体积尾喷管中的流动过程给各参数带来的损失。文献[108]和[109]中尝试直接使用空气加热器燃烧室所测压力作为隔离段入口总压,出口马赫数直接通过扩张比进行估计,这样会引起较大误差。

本节通过在空气加热器出口布置压力测点,结合各组分质量流量,联立状态方程对空气加热器出口参数进行修正,同时考虑了比热比随温度的变化。空气加热器结构简图如图 4.9 所示,空气加热器出口截面参数的具体修正过程如下。

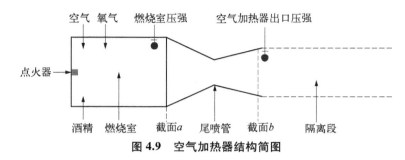

图 4.9　空气加热器结构简图

如图 4.9 所示,定义空气加热器燃烧室出口为截面 a,尾喷管出口(隔离段入口)为截面 b。实验可测量的参数有各组分质量流量、燃烧室总压及尾喷管出口静压。

假设空气加热器燃烧室和尾喷管绝热,则燃烧室出口截面总焓在尾喷管流动过程中不产生损失,则有

$$h_a = c_{p,a} T_{t,a} = c_{p,b} T_{t,b} = h_b \tag{4.1}$$

式中,$c_{p,a}$ 和 $c_{p,b}$ 为比定压热容;$T_{t,a}$ 和 $T_{t,b}$ 为总温,均可由热力计算确定。

各组分质量流量测量值分别为 $\dot{m}_{air}$、$\dot{m}_{O_2}$ 和 $\dot{m}_{C_2H_6O}$,因此空气加热器稳定工作时,任意截面的总质量流量为

$$\dot{m}_t = \dot{m}_{air} + \dot{m}_{O_2} + \dot{m}_{C_2H_6O} \tag{4.2}$$

针对尾喷管出口截面 b,利用如下连续方程:

$$\dot{m}_t = \rho_b V_b A_b \tag{4.3}$$

截面 b 处的静压测量值为 p_b,利用状态方程可得

$$p_b = \rho_b R T_b \tag{4.4}$$

当空气加热器稳定工作后,出口组分也随之稳定。此时,气体常数 R 可由热力计算确定。

针对出口截面 b,联立总温、总压及速度和马赫数的关系,有

$$\frac{T_{t,b}}{T_b} = 1 + \frac{\gamma_b - 1}{2} Ma_b^2 \tag{4.5}$$

$$\frac{p_{t,b}}{p_b} = \left(1 + \frac{\gamma_b - 1}{2} Ma_b^2 \right)^{\frac{\gamma_b}{\gamma_b - 1}} \tag{4.6}$$

$$V_b = Ma_b \times \sqrt{\gamma_b R T_b} \qquad (4.7)$$

综上,针对空气加热器尾喷管出口截面 b 的 5 个方程中存在 5 个未知数,分别为出口总压 $p_{t,b}$、出口总温 $T_{t,b}$、出口马赫数 Ma_b、出口速度 V_b 和出口静温 T_b,可以封闭求解。另外,对于截面 b 处的比热比 γ_b,可通过调用热力计算程序进行迭代求解。

空气加热器出口截面 b 处修正前后的参数对比及相对于修正前的误差如表 4.2 所示,修正前后隔离段入口的总压损失误差高达 24.1%,马赫数也相差 8.1%,这会直接给后面发动机整体性能的处理及空气入口数值模拟边界条件的给定造成较大误差,也会直接影响性能评估方法的有效性。

表 4.2　修正前后参数对比及相对于修正前的误差

项　　目	总压/MPa	总温/K	静温/K	马赫数
修正前	1.58	1 500	687	2.60
修正后	1.20	1 500	748	2.39
误差	24.1%	—	8.9%	8.1%

4.2.2　燃气发生器出口参数评估方法

燃气发生器是超燃冲压发动机的燃料供应系统,研究其出口参数,可以为发动机整体性能评估提供基础数据,同时也可以为燃气入口的数值模拟边界条件的确定提供依据。

燃气发生器实验一般在直连式实验台上单独开展或依托发动机实验同步开展,如图 4.10 所示。实验过程中一般会测量其内部压强,用于评估推进剂的燃速。固体贫氧推进剂一般通过点火线引爆点火药包实现点火,燃气发生器开始工作。

1. 燃气发生器的工作时间计算

某次实验过程中,燃气发生器内部压强随工作时间的变化曲线如图 4.11 所示。燃气发生器工作开始时刻 t_1 一般定

压力传感器

点火线

图 4.10　燃气发生器实物

义为点火峰之后，结束时刻 t_2 一般定义为压力曲线进入拖尾段之后。开始工作时刻，燃气发生器内部压力曲线一般呈现陡直爬升的趋势，较容易确定；结束时刻位于拖尾段内，其具体位置可采用双切线角平分线法确定[109]。

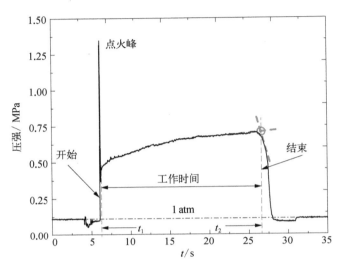

图 4.11   燃气发生器内部压强随工作时间的变化曲线

2. 富燃燃气的质量流量计算

上述方法确定了燃气发生器的工作时间 Δt，为了进行发动机整体性能评估及数值模拟边界条件设定，还需进一步确定富燃燃气的质量流量。本节给出两种富燃燃气质量流量的确定方法，分别为实验前后质量差值的时间平均方法和使用燃速公式修正的瞬时质量流量计算方法。

1）实验前后质量差值的时间平均方法

在实验前对固体推进剂药柱进行称重，记为 m_{int}；实验后对药柱残壳及附着在燃气发生器壁面的残留推进剂再次进行称重，记为 m_{end}，两者差值 Δm 则为燃气发生器工作时间内消耗的推进剂质量。图 4.12 为某次实验前后固体推进剂药柱称重示意图。

因此，工作时间内富燃燃气的时间平均质量流量可表示为

$$\dot{m}_{fuel} = \frac{m_{int} - m_{end}}{t_2 - t_1} = \frac{\Delta m}{\Delta t} \tag{4.8}$$

显然，由式(4.8)获得的富燃燃气质量流量为整个工作时间内的平均质量流量。但是，燃气发生器压强在不断变化，实际的富燃燃气质量流量也是不断变化

(a) 实验前称重　　　　　　　　(b) 实验后称重

图 4.12　实验前后固体推进剂药柱称重

的,因此该方法不能反映富燃燃气质量流量的瞬时特性。

　　2) 使用燃速公式修正的瞬时质量流量计算方法

　　为评估发动机的瞬时工作性能,这里给出燃气发生器出口富燃燃气瞬时质量流量的求解过程,不过这仍然需要确定燃气发生器的工作时间 Δt 和第一种方法所提到的实验前后推进剂的消耗质量 Δm。本方法采用推进剂燃速公式对该时间段内的富燃燃气质量流量进行修正,最终得到各个时刻的富燃燃气质量流量。假设推进剂点火后为恒定面积燃烧,则推进剂消耗的质量流量为

$$\dot{m}_{\text{fuel}} = a_s p_g^{n_s} \rho_s A_s \tag{4.9}$$

式中,a_s 和 n_s 分别为推进剂燃速公式中的指前因子和压强指数;p_g 为燃气发生器内部压强;ρ_s 和 A_s 分别为推进剂的密度和端面面积。

　　虽然式(4.9)似乎确定了瞬时的富燃燃气质量流量,但实际上如果利用该公式对工作时间进行积分,就会发现积分所得的推进剂消耗质量不等于实际实验所测的消耗质量,即

$$\Delta m_s = \int_{t_1}^{t_2} a_s p_g^{n_s}(t) \rho_s A_s \mathrm{d}t \neq \Delta m \tag{4.10}$$

　　这可能是由于实际燃速公式本身具有误差或者实际工作过程并不能一直保持端面燃烧等。基于式(4.9)计算的质量流量,本节给出一种修正的瞬时富燃燃气的质量流量计算方法,如式(4.11)所示:

$$\dot{m}_{\text{fuel}} = a_s p_g^{n_s} \rho_s A_s \times \frac{\Delta m}{\Delta m_s} \tag{4.11}$$

显然,该计算公式不仅保证了消耗的推进剂质量与实验测量结果一致,而且考虑了不同时刻压强对推进剂燃速的影响。

以上两种方法都可以计算富燃燃气的质量流量,第一种方法可以直接快速计算富燃燃气的平均质量流量,可用于粗略评估发动机的整体性能;而第二种方法可以计算富燃燃气的瞬时质量流量,可为发动机瞬时工作性能评估提供基础数据。

4.2.3　超声速燃烧室性能评估方法

1. 超声速燃烧室出口参数评估方法

为了评估超声速燃烧室性能,首先需要根据实验测量数据求解燃烧室出口截面参数,主要包括燃烧室出口截面总温 $T_{t,e}$、总压 $p_{t,e}$、静压 p_e 和马赫数 Ma_e 等。实验过程中,可在燃烧室出口附近壁面布置压力测点对燃烧室出口静压 p_e 进行测量。另外,实验还可以测得实验台阶的总推力 F。根据上述参数,对水平方向利用牛顿第二定律:

$$F = \dot{m}_e V_e + (p_e - p_a)A_e \tag{4.12}$$

对出口截面利用如下连续方程和状态方程:

$$\dot{m}_e = \rho_e V_e A_e \tag{4.13}$$

$$p_e = \rho_e T_e R_e \tag{4.14}$$

联立上述三个方程可得到出口马赫数 Ma_e:

$$Ma_e = \left(\frac{F - (p_e - p_a)A_e}{p_e A_e \gamma_e} \right)^{1/2} \tag{4.15}$$

式中,下标 e 表示燃烧室出口截面;A_e 表示燃烧室出口截面面积。

求得燃烧室出口马赫数 Ma_e 之后,即可进一步得到燃烧室出口总压 $p_{t,e}$、总温 $T_{t,e}$、静温 T_e、密度 ρ_e 和速度 V_e 等参数。

2. 超声速燃烧室性能评估方法

对于超声速燃烧室的性能评估,一般要考虑燃烧效率、总压恢复及燃烧室内阻等因素。燃烧效率本质体现为贫氧固体推进剂的能量转换为发动机内部流动工质能量(包括内能和动能等)的程度。图 4.13 为发动机结构简图,包括隔离段和超声速燃烧室两个部分。

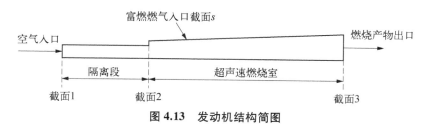

图 4.13　发动机结构简图

1)燃烧效率

燃烧效率采用燃烧室所有进出口总焓升的实验值与理论值之比进行衡量,燃烧室入口包括来流和富燃燃气入口,计算燃烧效率时两个入口的总焓都需要考虑进去。因此,燃烧效率定义如下:

$$\eta_{\Delta h} = \frac{\dot{m}_3(c_p T_t)_{\text{exp},3} - \dot{m}_1(c_p T_t)_{\text{exp},1} - \dot{m}_s(c_p T_t)_{\text{exp},s}}{\dot{m}_3(c_p T_t)_{\text{the},3} - \dot{m}_1(c_p T_t)_{\text{exp},1} - \dot{m}_s(c_p T_t)_{\text{exp},s}} \tag{4.16}$$

式中,下标 1、3 和 s 分别表示隔离段入口、燃烧室出口和富燃燃气入口截面;下标 exp 和 the 分别表示实验参数和理论参数。

燃烧室出口截面实验参数均可由 3.4.1 节求出,而截面 1 的参数均可由 4.2.1 节求出。截面 3 的理论总温可由热力计算确定,但截面 3 的比热比暂时还无法确定,这里假设截面 3 的理论比热比与实验比热比相等。而实际上理论比热比会比实验所求的比热比稍微偏小,所以这里求得的燃烧效率偏小,但带来的实际误差很小,可以忽略不计。相比基于总温升的燃烧效率计算方法,这里考虑了不同截面处比热比的变化,计算结果会更加准确。

2)总压损失

燃烧室总压恢复系数定义为燃烧室出口总压与入口总压之比:

$$\sigma = \frac{p_{t,3}}{p_{t,1}} \tag{4.17}$$

式中,总压参数均可计算得到。

实际计算得到的总压损失为隔离段和燃烧室的总压损失之和,如果隔离段不发生化学反应,可假设工作过程中隔离段绝热,求出截面 2 的总压,从而评估燃烧室的单独总压损失。但燃烧室反压可能会压进隔离段,故本节论述的总压损失都是包含隔离段的燃烧室总压损失。

3）燃烧室内阻

燃烧室内阻一般指冷流内阻 D_{in}，是综合评价燃烧室内部流道设计的重要指标。当然，内阻设计与燃烧效率和总压损失都是密切相关的。燃烧室内阻为燃烧室热试内推力 F_{hot_in} 与推力增益 ΔF 之差，如式（4.18）所示：

$$D_{in} = F_{hot\_in} - \Delta F \tag{4.18}$$

实验台架总推力随时间的变化曲线如图 4.14 所示，燃烧室推力增益等于实验台架总推力增益，故燃烧室推力增益 ΔF 等于实验台架热试推力与冷试推力之差。考虑到空气加热器工作期间各组分质量流量存在微小波动，实验台架冷试推力通过发动机工作始末值进行线性插值得到，用图中虚线表示。由动量积分方程可得，燃烧室的热试内推力为

$$F_{hot\_in} = \dot{m}_3 V_3 + p_3 A_3 - \dot{m}_1 V_1 - p_1 A_1 \tag{4.19}$$

式中，截面 1 的参数求解可参考 4.2.1 节；截面 3 的参数求解可参考 3.4.1 节。

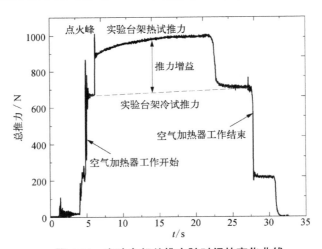

图 4.14　实验台架总推力随时间的变化曲线

使用本方法，由一次发动机实验就可直接求得燃烧室热试内推力与内阻，便于评估发动机性能。前人研究成果表明[110,111]，为获得燃烧室冷流内阻，常常需要使用高精度三维数值模拟，而这项工作十分耗时。获得燃烧室热试内推力则更加困难，需要单独测试空气加热器的推力，而且必须保证单独测试的空气加热器工况与实验工况一致。由图 4.14 可知，同一次实验中的空气加热器工况都是缓慢变化的，所以保证工况一致是十分困难的。利用前面提到的方法可以大大

节省时间和经费,直接求得燃烧室热试内推力与内阻。

4.2.4　发动机总体性能评估方法

对发动机进行总体性能评估是检验飞行器整体性能的关键手段,本节的研究工作是基于实验数据对发动机的总体性能进行延伸评估,同时考虑了进气道和尾喷管。不同飞行器外形带来的气动效果显著不同,而且飞行器外形不是当前研究的重点,因此性能评估不考虑飞行器外阻,发动机总体性能评估模型如图 4.15 所示。

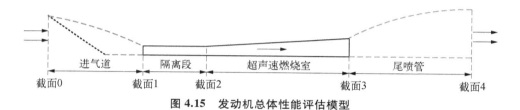

图 4.15　发动机总体性能评估模型

发动机总体性能评估模型假设如下。

(1) 发动机各部件均进行绝热处理,飞行高度为 25 km。

(2) 进气道不考虑唇口激波阻力和外罩摩擦阻力。

(3) 进气道流量系数为 1,即不考虑附加的流管阻力。

(4) 假设尾喷管可实现理想膨胀或给定膨胀比,尾喷管内的流动为冻结流动。

(5) 飞行器呈水平直线飞行,入口气流和出口气流方向与飞行方向平行。

(6) 发动机内部流动满足气体状态方程。

本节主要关注发动机内部燃烧与流动效率,燃烧室的燃烧室效率与总压损失已在 4.2.3 节中分析。对于总体参数评估,考虑到发动机尺寸及流量参数,选用单位质量流量空气产生的内推力(比内推力)及单位质量流量燃气产生的内推力(内推力比冲)来对发动机总体性能进行评估。

比内推力 I_a 可定义为

$$I_a = \frac{F_{\text{in}}}{\dot{m}_1 g} \tag{4.20}$$

式中,F_{in} 为发动机内推力。

内推力比冲 I_f 可定义为

$$I_f = \frac{F_{in}}{\dot{m}_s g} \tag{4.21}$$

本节中,进气道和尾喷管参数基于实验数据进行延伸求解得到,求解上述总体评估参数的关键是要确定截面 0 和截面 4 的状态参数。截面 1 和截面 3 的各状态参数的求解方法已在前面给出,飞行高度为 25 km,截面 0 的压强 p_0、密度 ρ_0 和温度 T_0 参数可由手册查得。而截面 0 的马赫数 Ma_0 可由式(4.22)获得:

$$Ma_0 = \sqrt{\frac{2}{\gamma_0 - 1}\left(\frac{T_{t,0}}{T_0} - 1\right)} \tag{4.22}$$

截面 0 的速度 V_0 可以表示为

$$V_0 = Ma_0 \times \sqrt{\gamma_0 T_0 R_0} \tag{4.23}$$

进而求得进气道流量捕获面积 A_0 为

$$A_0 = \frac{\dot{m}_0}{\rho_0 V_0} = \frac{\dot{m}_1}{\rho_0 V_0} \tag{4.24}$$

截面 3 的参数已由 3.4.1 节求得,根据假设(4)可计算截面 4 的状态参数,且尾喷管出口压强 p_4 与进气道入口压强 p_0 相等,即

$$p_0 = p_4 \tag{4.25}$$

因此,尾喷管出口马赫数可由式(4.26)求得:

$$Ma_4 = \sqrt{\left[\left(\frac{p_{t,4}}{p_4}\right)^{\frac{\gamma_4 - 1}{\gamma_4}} - 1\right]\frac{2}{\gamma_4 - 1}} \tag{4.26}$$

考虑到尾喷管绝热,即尾喷管出口总温与入口总温相等。因此,尾喷管出口静温 T_4 的计算公式为

$$T_4 = \frac{T_{t,4}}{1 + \frac{\gamma_4 - 1}{2}Ma_4^2} \tag{4.27}$$

出口速度 V_4 也可通过式(4.28)计算获得:

$$V_4 = Ma_4 \times \sqrt{\gamma_4 T_4 R_4} \tag{4.28}$$

而尾喷管出口面积 A_4 可由等熵膨胀关系式获得:

$$A_4 = A_3 \times \frac{Ma_3}{Ma_4} \times \frac{\left[\frac{2}{\gamma_4 + 1}\left(1 + \frac{\gamma_4 - 1}{2}Ma_4^2\right)\right]^{\frac{\gamma_4 - 1}{2(\gamma_4 - 1)}}}{\left[\frac{2}{\gamma_3 + 1}\left(1 + \frac{\gamma_3 - 1}{2}Ma_3^2\right)\right]^{\frac{\gamma_3 - 1}{2(\gamma_3 - 1)}}} \qquad (4.29)$$

此时,对发动机入口截面 0(进气道入口)和发动机出口截面 4(尾喷管出口)进行动力积分求得发动机内推力 F_{in}:

$$F_{in} = \dot{m}_4 V_4 - \dot{m}_0 V_0 + p_0(A_4 - A_0) \qquad (4.30)$$

从而进一步可获得比内推力 I_a 和内推力比冲 I_f。

4.2.5　典型实验案例评估分析

下面对使用燃烧室构型 3 开展的实验结果进行时间平均处理。图 4.16 和图 4.17 分别为实验台架推力、燃气发生器压强,以及空气加热器各组分质量流量随工作时间的变化情况。

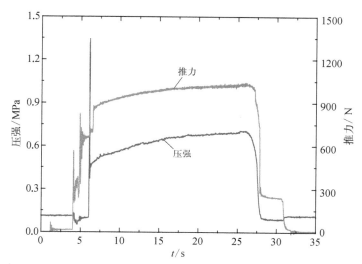

图 4.16　实验台架推力与燃气发生器压强随工作时间的变化曲线

发动机工作过程中各测量参数的积分平均值如表 4.3 所示,截面 0、截面 1、截面 3 和截面 4 的状态参数如表 4.4 所示。

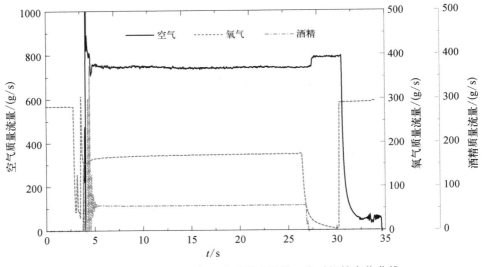

图 4.17　空气加热器各组分质量流量随工作时间的变化曲线

表 4.3　各测量参数积分平均值

空气质量流量	氧气质量流量	酒精质量流量	实验台架推力	燃气质量流量
742.1 g/s	171.2 g/s	56.2 g/s	982 N	44.6 g/s

表 4.4　发动机各截面状态参数

截　　面	马赫数	总温/K	总压/MPa	静温/K	静压/kPa	比热比
截面 0	5.40	1 515	2.09	222	2.51	1.40
截面 1	2.40	1 515	1.26	753	86.1	1.35
截面 3	1.50	1 811	0.25	1 350	71.1	1.30
截面 4	3.62	1 811	0.25	542	2.51	1.36

　　根据前面的处理方法,得到燃烧室参数和发动机总体参数性能评估,如表 4.5 所示。由表可知,本次实验的燃烧效率和总压恢复系数分别为 52.6% 和 0.199。比内推力和内推力比冲分别为 208 N·s/kg 和461 s。总的来说,实验中燃烧效率较低且总压损失较高,亟须更高效的燃烧组织方式来提升燃烧效率和总压恢复系数,进而提升发动机综合性能。

表 4.5　燃烧室参数和发动机总体参数性能评估

燃　烧　室　参　数		发动机总体参数	
燃烧效率	52.6%	内推力	202 N
总压损失	80.1%	比内推力	208 N·s/kg
冷流内阻	−293 N	内推力比冲	461 s

4.3　发动机工作特性分析

4.3.1　当量比

实验中,保持空气加热器产生的富燃燃气质量流量恒定,通过调节富燃燃气质量流量的方式,改变发动机中燃料的当量比。富燃燃气的质量流量主要受推进剂燃面面积、工作压力和喉部直径的影响,实验中主要通过更换喉径来实现富燃燃气质量流量的调节。此外,由于部分一次燃烧产物会在喉部沉积,且燃面的退移速率不规律,燃气发生器自身的质量流量也会产生小的变化。

本节内容所涉及的实验及相关参数如表 4.6 所示,实验采用的推进剂有两种,即含镁贫氧推进剂和碳氢贫氧推进剂。含镁贫氧推进剂药柱截面面积较小,通过更换喉径实现的质量流量调节量较小。单个燃气发生器可实现的发动机燃料当量比仅为 0.22~0.53,所以实验中同时采用了两个燃气发生器,以增大发动机中燃料的当量比。含镁贫氧推进剂实验主要用于评估燃料的当量比小于 1 时,发动机性能随当量比的变化情况。碳氢贫氧推进剂药柱截面面积相对较大,通过更换喉径,单个燃气发生器产生的富燃燃气质量流量可使发动机中燃料的当量比大于 1,所以碳氢贫氧推进剂主要用于评估当量比大于 1 时,发动机性能随当量比的变化情况。

表 4.6　实验编号及相关参数

编　号	燃烧室构型	贫氧推进剂	燃气发生器分布	燃气发生器安装角度/(°)	燃气发生器喉径/mm	当量比范围
Exp－1	有台阶、矩形	含镁	G1	60	12	0.22~0.32
Exp－2	有台阶、矩形	含镁	G1	90	11	0.29~0.54
Exp－3	有台阶、矩形	含镁	G1、G4	60	11	0.57~1.10
Exp－4	有台阶、矩形	碳氢	G1	60	10	0.99~1.48
Exp－5	有台阶、矩形	碳氢	G1	60	12	0.62~0.87

（续表）

编　号	燃烧室构型	贫氧推进剂	燃气发生器分布	燃气发生器安装角度/(°)	燃气发生器喉径/mm	当量比范围
Exp-6	无台阶、矩形	含镁	G2	90	11	0.29~0.50
Exp-7	有台阶、矩形	含镁	G2	90	11	0.27~0.52
Exp-8	无台阶、矩形	含镁	G2	60	11	0.29~0.51

　　不同当量比下的实验台推力和比冲分别如图 4.18 和图 4.19 所示,实验采用的推进剂为含镁贫氧推进剂。图 4.18 和图 4.19 表明,在当量比小于 1 时,随着

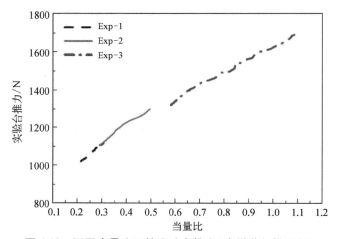

图 4.18　不同当量比下的实验台推力(含镁贫氧推进剂)

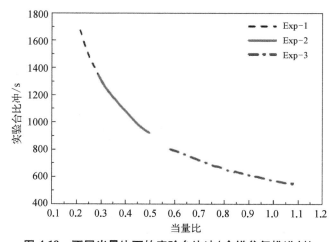

图 4.19　不同当量比下的实验台比冲(含镁贫氧推进剂)

当量比的增加,实验台的推力增加,比冲降低,此结论与第 2 章中的理论计算结果一致。

图 4.20 和图 4.21 分别为根据 Exp-3 中数据按照尾喷管膨胀比为 5 换算而成的飞行工况下发动机的推力和对应的发动机比冲。考虑到地面数据向空中飞行数据转换时会存在一些误差,且本节的主要目的是分析当量比对发动机性能的影响,并非不同当量比下的飞行推力和比冲,因此下面的数据分析中均采用实验测量参数进行分析。

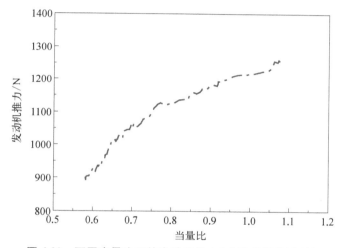

图 4.20 不同当量比下的发动机推力(含镁贫氧推进剂)

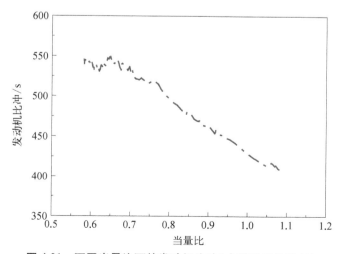

图 4.21 不同当量比下的发动机比冲(含镁贫氧推进剂)

图 4.22 和图 4.23 分别为采用碳氢贫氧推进剂时,在不同当量比下的实验台推力和比冲,实验结果表明,无论在当量比大于 1 还是小于 1 的情况下,随着当量比的增加,实验台推力也增加,与理论分析结果一致。

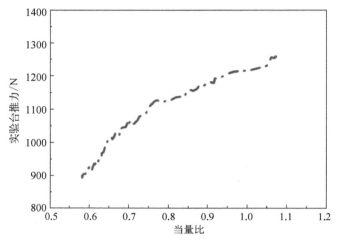

图 4.22　不同当量比下的实验台推力(碳氢贫氧推进剂)

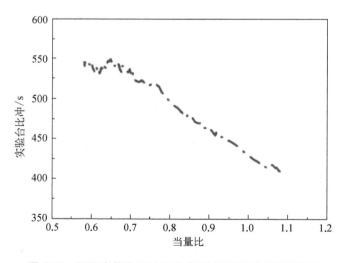

图 4.23　不同当量比下的实验台比冲(碳氢贫氧推进剂)

4.3.2　推进剂

图 4.24 和图 4.25 为 Exp - 1~Exp - 5 对应的实验台推力和比冲。由第 2 章

中的分析可知,空燃比相同时,发动机的推力性能取决于燃料的质量热值。碳氢贫氧推进剂的质量热值高于含镁贫氧推进剂,如表 4.7 所示。理论上来说,碳氢贫氧推进剂的推力和比冲性能应高于含镁贫氧推进剂。但实验结果显示,在空燃比相同的情况下,两种推进剂的性能基本相同,其原因是受推进剂燃料效率的影响,含镁贫氧推进剂产生的富燃燃气在超声速气流中的二次燃烧效率相对较高,大约为 80%,而碳氢贫氧推进剂的燃烧效率相对较低,比含镁贫氧推进剂低 10% 以上,即燃烧效率的差距弥补了两者质量热值的差距。

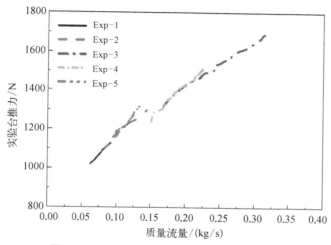

图 4.24　Exp - 1 ~ Exp - 5 对应的实验台推力

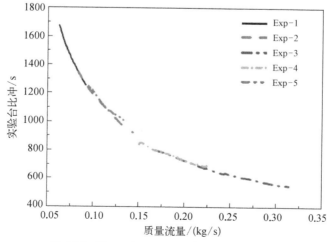

图 4.25　Exp - 1 ~ Exp - 5 对应的实验台比冲

表 4.7　两种不同燃料的性能参数

推 进 剂	密度/ （kg/m³）	质量热值/ （MJ/kg）	体积热值/ （kJ/cm³）	理论 空燃比	理论 燃气比	理论放 热量/MJ
含镁贫氧推进剂	1 580	20.41	32.25	3.46	0.289	5.90
碳氢贫氧推进剂	1 400	24.40	34.16	6.57	0.152	3.71

　　第 2 章分析表明，在其他条件相同时，当量比相同，发动机的推力性能主要取决于燃料的质量流量和质量热值之积，即理论放热量。当量比相同时，含镁贫氧推进剂热值高于碳氢贫氧推进剂，即当量比相同时，含镁贫氧推进剂理论放热量高于碳氢贫氧推进剂。图 4.26 和图 4.27 分别为不同当量比下的实验台推力

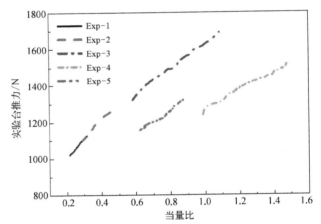

图 4.26　不同当量比下的实验台推力（Exp‐1~Exp‐5）

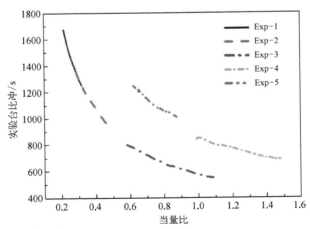

图 4.27　不同当量比下的实验台比冲（Exp‐1~Exp‐5）

和比冲。实验表明,当量比相同时,含镁贫氧推进剂的推力高于碳氢贫氧推进剂,但比冲小于碳氢贫氧推进剂,实验结果与第 2 章理论分析结果一致。

4.3.3　后向台阶

本节主要研究后向台阶对发动机燃烧室性能的影响,实验采用的发动机燃烧室构型如图 4.2 所示,两种燃烧室的进出口尺寸相同,不同的是一个带有后向台阶,另一个没有。本小节所涉及的实验为表 4.6 中的 Exp-2、Exp-6、Exp-7。

Exp-6 采用不带后向台阶的燃烧室构型,燃气发生器安装位置为下壁面第一个喷注点;Exp-2 和 Exp-7 采用带后向台阶的燃烧室构型,燃气发生器的安装位置分别为上表面和下表面的第一个喷注点。三个实验中,燃气发生器的喉径相同,均为 11 mm。

图 4.28~图 4.30 分别为三次实验中不同当量比(0.30~0.50)下的壁面压力分布。整体来看,在富燃燃气喷注点($x=400$ mm)附近,壁面压力出现明显上升,此后随燃烧室型面扩张而下降。

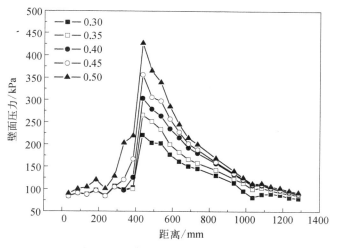

图 4.28　壁面压力分布(Exp-6)

图 4.28 和图 4.29 对应的实验中,富燃燃气喷注点相同,不同的是后者带有后向台阶,增大了富燃燃气喷注点附近的截面面积,点火后,燃烧室整体压力低于前者,进而降低了富燃燃气喷注点附近的逆压梯度。图 4.28 中的数据显示,随着当量比增加,燃烧室压力上升,并开始向上游传播。当量比为 0.50 时,燃烧室压力对上游的影响已达到 $x=400$ mm 左右。对比实验结果表明,后向台阶的

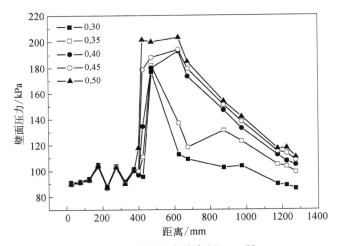

图 4.29　壁面压力分布(Exp－7)

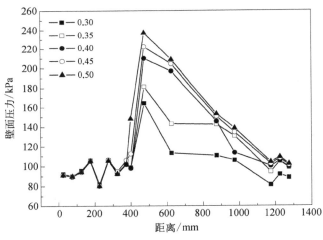

图 4.30　壁面压力分布(Exp－2)

存在可减小燃烧室压力对上游的影响。

　　图 4.29 和图 4.30 对应的实验中,燃烧室构型相同,均带有后向台阶,但喷注点位置不同。前者富燃燃气喷注点为燃烧室下壁面,即台阶对侧射流;后者富燃燃气喷注点为燃烧室上表面,即台阶后射流。从燃烧室整体压力来看,台阶后射流实验中的燃烧室压力更高。两个实验中,富燃燃气喷注点附近的截面面积相同,说明富燃燃气在台阶后局部区域内的掺混燃烧效果更好。实验对比说明,台阶后射流方案优于台阶对侧射流方案。

　　三次实验中的发动机推力如图 4.31 所示,结合壁面压力分布曲线,分析得到

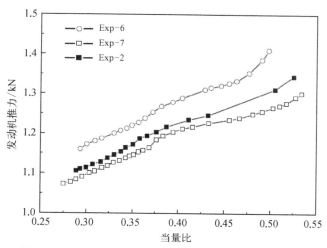

图 4.31 台阶后射流与台阶对侧射流对发动机推力的影响

如下结论。

（1）Exp－6 中采用无后向台阶燃烧室构型，富燃燃气以横向射流的方式进入燃烧室，掺混和燃烧效率更高，发动机性能较好，但射流点处的燃烧室压力较高，低逆压梯度大，对上游的影响较大。

（2）Exp－7 中采用有后向台阶燃烧室构型，富燃燃气同样以横向射流的方式进入燃烧室，但其掺混效果低于 Exp－6。此外，上表面的台阶后存在一个较大的低压区，可增加燃烧室的内阻，所以 Exp－2 中发动机的性能相对较低。

（3）Exp－2 中同样采用有后向台阶的燃烧室构型，但富燃燃气在台阶后进入燃烧室。在后向台阶的遮挡下，富燃燃气射流深度更大，掺混效果优于 Exp－7，故燃烧室的整体壁面压力更高。此外，采取台阶后射流方案，富燃燃气进入台阶后的回流区并二次燃烧，可有效减少后向台阶带来的内阻。因此，Exp－2 中的发动机推力高于 Exp－7。

总体分析表明，不带后向台阶时，发动机推力最高，台阶后射流时次之，台阶对侧射流时最低。台阶后射流的发动机推力高于台阶对侧射流，其燃烧效率和总压恢复系数也均低于后者，前者燃烧效率约为 64%，后者约为 81%；前者的总压恢复系数约为 0.2，后者约为 0.22。

4.3.4 射流角度

图 4.32 和图 4.33 分别为射流角度不同时的实验台推力和燃烧室壁面压力分布。从壁面压力分布来看，90°角射流的整体压力高于 60°角射流。两种射流

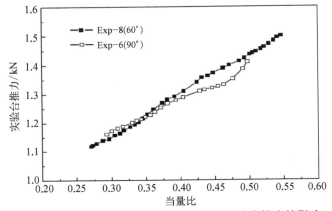

图 4.32　台阶对侧射流 60° 和 90° 喷射对实验台推力的影响

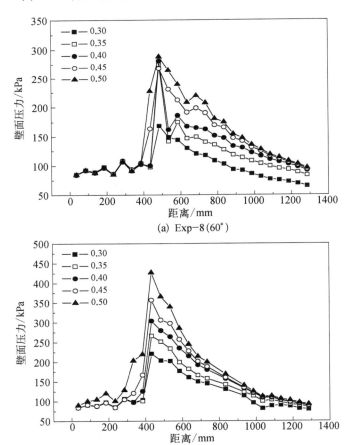

图 4.33　燃烧室壁面压力分布 [Exp‑8(60°) 和 Exp‑6(90°)]

角度下的实验台推力基本相同,60°角射流的实验台推力略高于 90°角射流。

　　结合图 4.32 和图 4.33 分析认为,射流角度大时,射流近场区域的掺混燃烧效果更好,故 90°射流的燃烧室整体壁面压力更高,但同时也会存在较大的总压损失。综合来看,两者性能相当,射流角度小的发动机性能略优。而且在燃烧室壁面压力较小的情况下,发动机燃烧室反压对射流上游的影响相对更小。

第5章

组合式固体超燃冲压发动机

5.1 组合式固体超燃冲压发动机方案

在传统固体超燃冲压发动机中,固体燃料直接与超声速气流相互作用,发生热解,并进一步与空气掺混、燃烧,物理化学过程较复杂,点火和火焰稳定困难。为解决该问题,学者们提出了一种结合固体火箭超燃冲压发动机和固体燃料超燃冲压发动机优势的新型组合式固体超燃冲压发动机,如图5.1所示,包括小型固体燃气发生器和内壁装药超声速燃烧室。固体燃气发生器内部装有贫氧推进剂,可自维持燃烧,燃烧产生的高温富燃燃气作为超声速燃烧室内贫氧推进剂的持续点火源,解决其点火问题。超声速燃烧室内壁装药,一方面可有效利用超声速燃烧室空间,为发动机加速度段提供大推力;另一方面,可作为导热屏障,对燃烧室壁面起到一定的热防护作用。以下通过数值模拟的方法对组合式固体超燃冲压发动机的工作性能开展研究。

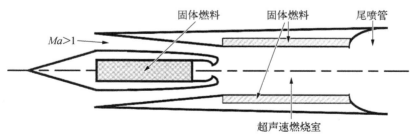

图 5.1 组合式固体超燃冲压发动机示意图

5.2　数值计算方法及验证

组合式固体超燃冲压发动机的数值模拟方法与第 3 章建立的固体火箭超燃冲压发动机基本一致,但由于其涉及固体燃料在超声速气流中的热解燃烧,需要补充固体燃料燃速模型等。

在固体燃料超燃冲压发动机燃烧室中,高温高压的来流空气进入燃烧室后,不断冲刷壁面上的固体燃料,固体燃料在高温高压的环境下软化、热解,产生的热解气体与来流空气发生化学反应,燃烧放热,释放的热量一部分用来增压,提供推力增益,另一部分继续为固体燃料的热解提供热量。因此,固体燃料在热解时,涉及多个物理化学过程,其燃速模型不仅需要考虑到自身的热解及与来流空气的化学反应,还需要考虑到在近壁面处发生的传热传质。

1. 固体燃料热解及化学反应模型

固体燃料的热解模型视燃料的种类确定,固体燃料冲压发动机常用的碳氢燃料有:端羟基聚丁二烯(HTPB)、聚甲基丙烯酸甲酯(PMMA)、聚乙烯(PE)、聚丁二烯(PB)、聚异丁烯(PIB)和聚 α -甲基苯乙烯(PaMS)等,这些碳氢燃料具有不同的物理化学性质,因此热解机理也有所差异,需要深入研究,本节采用 PMMA 作为固体燃料。

一般认为,在固体燃料超燃冲压发动机燃烧室中,在快速升温的条件下,固体燃料 PMMA 中的主链 C—C 键有规则或无规则断裂,降解为甲基丙烯酸甲酯(MMA)单体,这些单体在高温高压下继续分解,生成甲醇、甲烷、丙烯和丙酮等可燃性气态小分子,然后这些气态小分子与空气中的氧气发生化学反应,燃烧放热,生成 CO_2、CO 和 H_2O。在较高的温度下,MMA 单体也可直接与氧气发生反应,生成丙酮酸甲酯、甲醛和丙酮等,但是此反应在 PMMA 的燃烧过程中处于次要地位,MMA 单体的分解产物较多,燃烧化学反应机理十分复杂,要在理论上建立准确的分解反应模型比较困难,因此必须对分解反应模型进行简化。一般来说,化学反应模型使用一步总包反应或者不超过三步的分步反应。本节在前人研究的基础上,假定 MMA 单体与氧气的反应为一步不可逆总包反应:

$$C_5H_8O_2 + 6O_2 \longrightarrow 5CO_2 + 4H_2O \tag{5.1}$$

2. 固体燃料燃面退移速率模型

燃面退移速率是影响固体燃料超燃冲压发动机燃烧室性能的一个重要因素,它关系到固体燃料是否能够完全参与化学反应,储存的能量是否能够完全释放,进而影响到超燃燃烧室的性能。因此,需要对固体燃料燃面退移速率进行研究。

假定固体燃料表面温度一定,燃面退移速率由燃面与近壁面的对流换热决定,因此需要考虑近壁面处的传热传质。高温高压来流空气不断冲刷着固体燃料壁面,在近壁面处存在着热量和质量的交换,参考前人的研究[26,43],气固分界面上的能量平衡应包括气相对流换热、扩散、辐射传热,以及固相扩散和高温分解热量。

$$-h\left(\frac{\partial T}{\partial r}\right)_s + Q_{\mathrm{rad}} = -\rho_s \dot{r} c_{ps}\left(\frac{\partial T}{\partial r}\right)_s - \rho_s \dot{r} h_s \tag{5.2}$$

式中,h 为固体燃料和近壁面处流体的对流换热系数;Q_{rad} 为近壁面处流体和固体燃料壁面的辐射换热;$\rho_s = 1\,180\ \mathrm{kg/cm^3}$,为固体燃料的密度;$\dot{r}$ 为燃面退移速率;$c_{ps} = 1\,464\ \mathrm{J/(kg \cdot K)}$,为固体燃料的比定压热容;$h_s = 1.12 \times 10^6\ \mathrm{J/kg}$,为固体燃料的气化热[44]。

对流换热系数计算如下:

$$h = \frac{\lambda_f Nu_f}{d} \tag{5.3}$$

式中,Nu_f 为对流换热的努塞尔数;d 为特征长度;λ_f 为气体的热导率。

对流换热的努塞尔数 Nu_f 可根据齐德-泰特公式计算:

$$Nu_f = 0.027 Re_f^{0.8} Pr_f^{1/3} \left(\frac{\mu_f}{\mu_w}\right)^{0.14} \tag{5.4}$$

式中,Pr_f 为对流换热的普朗特数。

式(5.4)中的 μ_f 和 μ_w 由萨特兰公式[46]计算,空气温度为 T 时,动力黏性系数 μ 为

$$\frac{\mu}{\mu_0} = \left(\frac{T}{288.15}\right)^{1.5} \times \frac{288.15 + c}{T + c} \tag{5.5}$$

式中,$\mu_0 = 1.789\,4 \times 10^{-5}\ \mathrm{N \cdot s/m^2}$,为 288.15 K 时空气的动力黏性系数;空气中,

常数 $c = 100.4 \text{ K}$。

联立式(5.3)~式(5.5),即可求得燃面退移速率 $\dot{r}$。

5.3　算例验证

5.3.1　无化学反应的算例验证

无化学反应的算例主要是为了验证流动模型的正确性,为了减少计算量,将文献中的三维模型简化成二维模型后得到该构型,如图 5.2 所示,其中后向台阶的高度为 $H = 3.18 \text{ mm}$,隔离段长度为 11.02 mm,燃烧室长度为 80 mm。

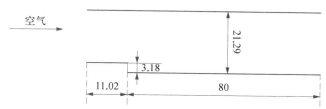

图 5.2　简化的燃烧室结构(单位:mm)

数值模拟采用基于密度的二维平面求解器,离散格式为二阶迎风差分,湍流模型为标准 $k - \varepsilon$ 模型,湍流燃烧模型为有限速率涡耗散模型,原点设置在后向台阶下拐点处。

边界条件设置:入口条件设为压力入口,来流空气参数为 $Ma_{\text{in}} = 2$、$P_0 = 274 \text{ kPa}$、$T_0 = 300 \text{ K}$。出口条件设为压力出口,$P = 10 \text{ kPa}$、$T = 300 \text{ K}$,采用绝热、零压力梯度、无滑移和完全非催化壁面。

采用结构网格划分,如图 5.3 所示,近壁面处加密,近壁区采用壁面函数法,将壁面上的物理量和湍流核心区内的未知量联系起来。

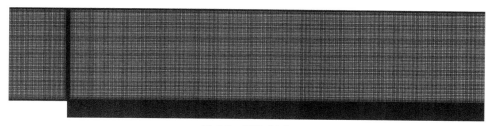

图 5.3　网格划分

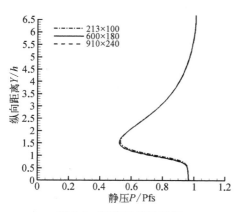

图5.4 网格无关性验证

采用 $X/h = 5.0$ 截面处的压力分布来进行网格无关性验证,如图 5.4 所示(纵向距离采用台阶高度进行无量纲化,压力采用来流静压进行无量纲化)。600×180 与 910×240 没有较大差别,因此本节选用 600×180 的网格量进行数值计算。

针对图 5.2 中的燃烧室进行数值计算,并将计算结果与文献中的实验结果进行对比,从而验证数值模拟方法。不同截面轴向速度分布的实验结果与数值计算结果的对比情况如图 5.5 所示,横

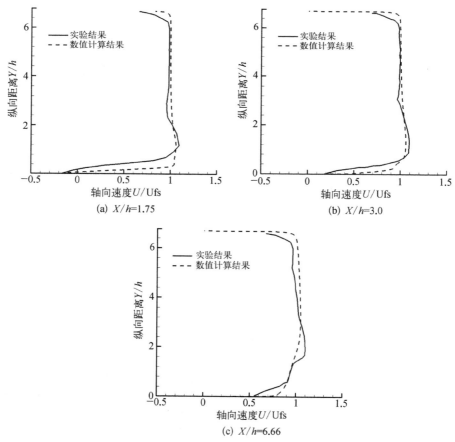

图5.5 不同截面的轴向速度分布

轴为使用入口气流速度进行无量纲化处理的速度,纵轴是使用后向台阶高度进行无量纲化处理的长度。不同截面的横向速度分布如图 5.6 所示,横轴和纵轴均经过无量纲化处理。不同截面的压力分布如图 5.7 所示。

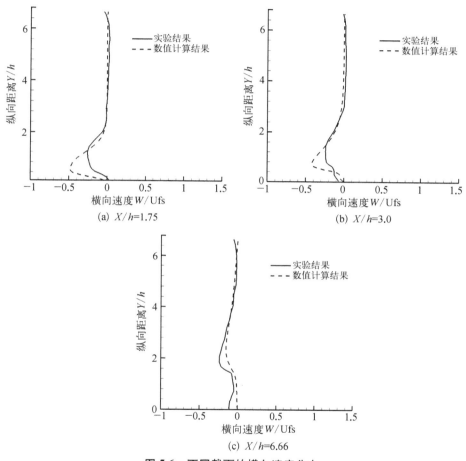

图 5.6　不同截面的横向速度分布

图 5.5 和图 5.6 中速度分布的数值计算结果与实验结果总体趋势相同,局部略有差异,主要原因是计算模型是二维的,与实验的三维模型有差异,因此计算中没有考虑到侧壁面对流动的阻碍,导致边界层发展变快。图 5.7 中的截面压力分布的数值计算结果与实验结果趋势相同,在近壁区($Z/h < 1.0$)差异较大,这可能是因为 $k - \varepsilon$ 模型对近壁区的处理不够完善,实际上两种测试实验的结果在近壁区也存在较大差异。

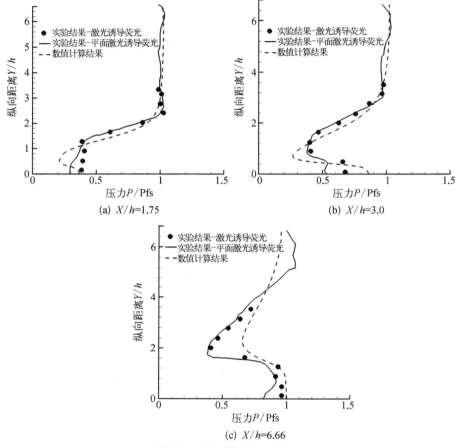

(a) $X/h=1.75$ (b) $X/h=3.0$

(c) $X/h=6.66$

图 5.7　不同截面的压力分布

5.3.2　有化学反应的算例验证

有化学反应的算例主要是为了验证流动与燃烧模型,以及燃速模型的正确性。对 0 s、5 s、9 s 时的带凹腔的固体燃料超燃冲压发动机燃烧室进行准稳态仿真,并将固体燃料壁面压力分布及燃面退移速率与 Ben-Yakar 等的实验结果进行比对,从而验证数值计算方法。三个时刻的燃烧室模型如图 5.8 所示,进口边界设为压力入口, $Ma_{in}=1.6$, $P_0=1.688$ MPa, $T_0=1\,156$ K。 出口边界设为压力出口, $P=0.1$ MPa, $T=300$ K。 固体燃料壁面设为质量入口,燃面加质由 Fluent 软件中的用户自定义功能实现,加质模型参考燃面退移速率模型。湍流模型为标准 $k-\varepsilon$ 模型,湍流燃烧模型为有限速率涡耗散模型。

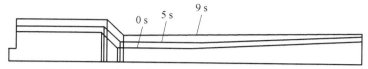

图 5.8　带凹腔的固体燃料超燃冲压发动机燃烧室模型

固体燃料壁面压力分布曲线如图 5.9 所示,由图可知,数值计算结果总体趋势与实验结果相吻合,在开始时刻,压力沿着壁面都是逐渐下降的,随着燃烧的进行,燃烧室型面发生变化,壁面压力的变化趋势逐渐变为先增加后减小,直至整个壁面的压力与环境压力相同。0 s 时刻的数值计算结果误差较大,主要是因为此时燃烧室处于热壅塞状态,而实验结果是经过延时处理的数据,因此两者有一定差别,这是合理的。

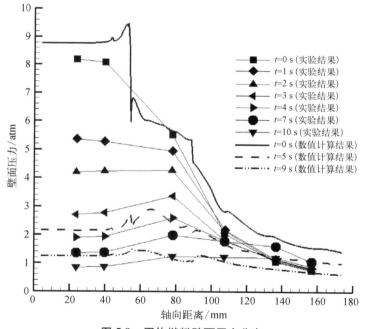

图 5.9　固体燃料壁面压力分布

燃面退移速率曲线如图 5.10 所示,由图可知,不同时刻的整体趋势大致相同,都是呈现先增加后减小的趋势,且波动幅值较大,但是随着固体燃料的热解,燃面逐渐退移,内流场发生变化,导致燃面退移速率的波动幅值越来越小,且整体的燃面退移速率也有所下降。数值计算结果与实验结果还有一定的误差,尤其是在凹腔内,说明仿真建立的固体燃料与流场之间的对流换热模

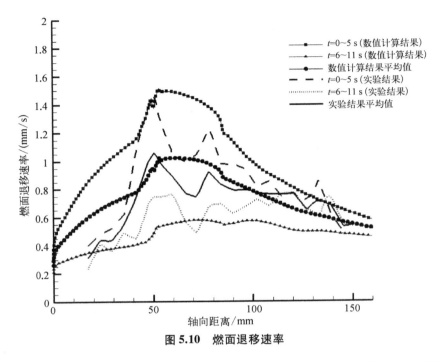

图 5.10　燃面退移速率

型与实际情况相比还有一定出入,实际流场中可能还存在激波等影响到固体燃料的热解。

5.4　发动机内流场特性

5.4.1　燃气发生器对固体燃料燃烧的影响

带燃气发生器的固体燃料超燃冲压发动机燃烧室模型如图 5.11(a)所示,在带凹腔的冲压燃烧室燃烧到 5 s 时的模型的基础上,去掉了凹腔,燃烧室由突扩台阶、等直段和扩张段构成。经过进气道压缩的高温高压超声速来流从左侧入口进入隔离段,然后进入燃烧室,等直段和扩张段的固体燃料在高温高压来流的冲刷下逐渐热解,生成可燃气体与来流空气反应,最后从右侧出口喷出,固体燃料储存的化学能转化为动能,从而提供推力。

网格划分如图 5.11(b)所示,近壁面处加密,燃气喷射位置局部加密。为了便于与带凹腔的固体燃料超燃冲压发动机燃烧室性能进行比较,数值计算所采用的各边界条件参数与有化学反应时的算例验证保持一致,对于燃气发生器,边界条件如下。压力入口的参数如下: $P_0 = 1.5 \, \text{MPa}$, $T_0 = 1\,200 \, \text{K}$。出口压力按照声速边界条件给定,燃气质量流量为 12 g/s(约为入口空气质量流量的 6%),出口物质为 47% C_2H_4、37% CO_2、16% H_2O(富燃燃气余气系数为 1/5),喷射方向平行于轴线。

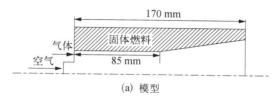

(a) 模型

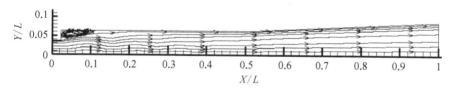

(b) 网格划分

图 5.11　带燃气发生器的固体燃料超燃冲压发动机燃烧室模型及网格划分

　　燃烧室的流线图如图 5.12 所示。从隔离段排出的均匀来流在进入燃烧室后,一部分进入由于后向台阶而形成的回流区,参与化学反应,一部分仍沿着主流的方向前进,这部分气流处于膨胀状态,经过一系列激波系,到达扩张段后不再产生较大扰动,最后经过扩张段的加速从出口喷出。

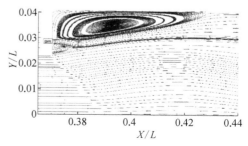

图 5.12　带燃气发生器的固体燃料超燃冲压发动机燃烧室流线图

　　通过观察燃烧室流线图可以发现,流场的主要变化点在回流区,因此有必要针对回流区进行分析,回流区流线图如图 5.13 所示。燃气发生器喷出的射流阻碍了来流空气的膨胀,减小了总压损失。同时,射流中的高温富燃燃气与来流空气中的氧气充分接触,燃烧放热,有利于引燃固体燃料,实现点火。在燃烧室实现点火后,固体燃料热解的气体主要分为两部分,一部分进入回流区,然后沿着射流的方向前进,直至与空气接触,发生化学反应;另一部

图 5.13　回流区流线图

分直接在近壁面处与来流空气反应,释放化学能。因此,燃气发生器也有助于维持火焰稳定。

带燃气发生器的固体燃料超燃冲压发动机燃烧室温度场云图如图 5.14 所示,由图可知,高温区主要分布在等直段中末段及扩张段固体燃料壁面附近。在等直段中末段,主要是因为高温富燃燃气与来流空气充分接触,燃烧放热,但是气流速度很快,所以热量的集中释放区就变成了射流下游。同时,在到达等直段中段时,由于高温富燃燃气消耗殆尽,回流区中跟随射流行进的热解气体又与空气接触发生了化学反应,释放的热量再一次增加,产生高温。扩张段固体燃料壁面附近产生高温区的原因则相对简单,即上游的热量在经过固体燃料壁面时,促进了固体燃料的热解,热解气体与来流空气发生化学反应后释放热量,导致温度升高。

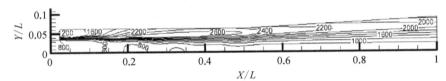

图 5.14　带燃气发生器的固体燃料超燃冲压发动机燃烧室温度场云图(单位: K)

带燃气发生器的固体燃料超燃冲压发动机燃烧室马赫数云图如图 5.15 所示。气流主要分为两部分,一部分为低速回流区,另一部分为主流区。在低速回流区,来流空气可以与热解气体充分掺混,在到达下游高温区时燃烧放热。在主流区,来流空气通过隔离段进入燃烧室后经过一系列激波到达等直段末段,最后从扩张段加速喷出,提供推力。从图 5.16 可以很明显地看出气流经过激波系的压力波动。

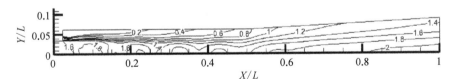

图 5.15　带燃气发生器的固体燃料超燃冲压发动机燃烧室马赫数云图

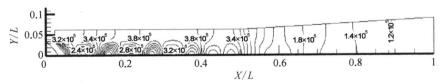

图 5.16　带燃气发生器的固体燃料超燃冲压发动机燃烧室压力云图(单位: Pa)

　　通过分析带燃气发生器的固体燃料超燃冲压发动机燃烧室的流场特性,可以从理论上证明使用燃气发生器可以实现引燃和维持火焰稳定。在燃烧室起动阶段,高温富燃燃气在阻碍来流空气膨胀的同时与其充分接触并发生化学反应,燃烧放热,引燃固体燃料。在燃烧室工作阶段,即使燃烧室型面发生了变化,只要射流的喷射方向不变,高温富燃燃气也依旧可以阻碍来流空气的膨胀,避免其产生较大的扰动。同时,回流区中的热解气体被射流带到下游与来流空气接触发生化学反应,燃烧放热促进固体燃料的热解。

　　将带燃气发生器和带凹腔的固体燃料超燃冲压发动机燃烧室性能进行比对时,主要比较总压损失和燃面退移速率这两个参数。为了便于比较总压损失,在总长为 170 mm 的燃烧室上截取 3 个截面进行计算,分别为 125 mm、145 mm、165 mm 处。两种燃烧室沿轴向的总压损失如图 5.17 所示,用燃气发生器取代凹腔的燃烧室总压损失比带凹腔的燃烧室约高 3%。开式凹腔的附着点跨越凹腔,处在下游位置,因此可以将两种燃烧室的后向台阶高度视为相等,两者的总压损失应该相同,但是燃气发生器的额外加质会导致额外总压损失,所以带燃气发生器的燃烧室比带凹腔的燃烧室总压损失约高 3%。

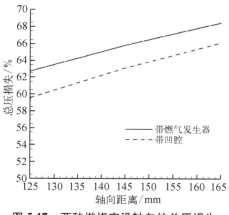

图 5.17　两种燃烧室沿轴向的总压损失

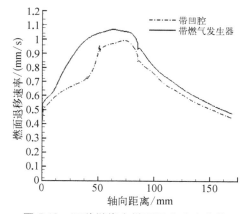

图 5.18　两种燃烧室燃面退移速率曲线

　　显然,带燃气发生器的固体燃料超燃冲压发动机燃烧室的结构并未得到优化,再加上额外的加质,其性能并不会占有太大优势。这种方法的设计初衷在于提供高温富燃燃气,引燃固体燃料,维持火焰稳定。两种燃烧室的燃面退移速率曲线如图 5.18 所示,两种燃烧室壁面加质平均质量流量及平均燃面退移速率见表 5.1,可见,虽然带燃气发生器的燃烧室去掉了凹腔,即整个加质面的面积变小了,但是其燃面退移速率及加质平均质量流量均比带凹腔的燃烧室大,这验证了高温富燃燃气用于实现引燃固体燃料及维持火焰稳定的可能性。观察图 5.18,两条曲线都是在 0.4~1.1 mm/s 内波动,且都是沿着轴向呈现先增大后减小的趋势,但是带燃气发生器的燃烧室燃面退移速率更大,这主要是由于喷射了高温燃气。

表 5.1　两种燃烧室的参数均值

参　　数	带燃气发生器	带凹腔
加质平均质量流量/(g/s)	11.8	11.1
平均燃面退移速率/(mm/s)	0.79	0.70

从局部来看,在带凹腔的燃烧室内,凹腔内的燃面退移速率先是缓慢升高,到凹腔后缘时急剧上升,到等直段达到极值并在等直段内维持一个较高值,到达扩张段后逐步下降。在带燃气发生器的燃烧室内,燃面退移速率缓慢上升,到等直段中末段时维持一个较高值,随后到扩张段逐步下降。这主要是因为等直段中末端是一个热量集中释放区,温度较高,固体燃料极易热解,导致燃面退移速率升高。虽然两种燃烧室的燃面退移速率变化趋势大致相同,但是相对来说,带燃气发生器的燃烧室燃面退移速率更大,变化更为平缓,因此在相同时间内,固体燃料燃烧得更多,燃烧室型面变化更均匀。

5.4.2　安装位置对固体燃料燃烧的影响

Ben-Yakar 等进行的实验中,超燃冲压发动机燃烧室的总压损失可随着燃烧的进行从 40% 增长到 80%,基于此构型的去凹腔结构的总压损失增长规律大致也是如此,因此在考虑高温燃气的喷射位置时,首先将沿着横向喷射的点忽略,因为横向喷射会使总压损失变得更大,使燃烧室的性能变得更差。而沿着轴向喷射,即与主流流动方向平行的方向喷射时,并不会过多地增加总压损失。

针对台阶后的不同喷射位置,本节考虑沿着径向,从突扩台阶与隔离段交界处算起,每隔 1.5 mm 布置 1 个富燃燃气喷射点,一共布置 3 个,将这 3 个位置分别用 1~3 来表示。

1. 流场特性

三种不同喷射位置处的流场及回流区放大图如图 5.19 所示,由图可知,超声速气流经过隔离段进入燃烧室后,由于突扩台阶的存在,气流膨胀加速,同时

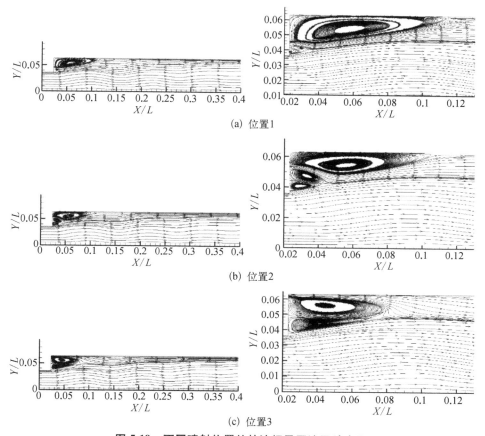

(a) 位置1

(b) 位置2

(c) 位置3

图 5.19　不同喷射位置处的流场及回流区放大图

隔离段内的边界层在经过突扩台阶后形成自由剪切层,自由剪切层在下游与喷射出的高温燃气相互作用,发生化学反应,同时又形成另一道自由剪切层,气流就沿着这两道自由剪切层向下游运动。自由剪切层沿着轴向逐渐消失,气流继续扩张,直至接触到固体燃料壁面,此时的来流空气的温度已经很高,因为上游高温富燃燃气与氧气发生化学反应释放了较多热量。高温来流空气与固体燃料壁面接触,促进固体燃料的热解,热解气体继续与来流空气在边界层发生化学反应,释放的热量在下游继续累积,促进下游固体燃料的热解,最后混合气体经过扩张段加速,提供推力。

根据流线图,当高温燃气处于位置 1 时,在外侧形成了一个较大的回流区,在内侧也即将形成规模很小的回流,但是由于位置 1 离主流很近,空间狭小,不足以形成小回流。当喷射点处于位置 2 时,回流被拦腰截断,除了在位置 2 外侧形成回流外,还在内侧形成了两个小回流,这主要是因为喷射出的高温燃气与来流空气流速同向。当喷射点处于位置 3 时,外侧回流消失,由于内侧空间增大,位置 2 中的两个小回流规模也随之增大。

三种不同喷射位置处的温度场如图 5.20 所示。高温富燃燃气与来流空气在剪切层内反应放热,到下游靠近壁面处,高温使得固体燃料热解,热解的气体与来流空气再次发生化学反应,将热量传递到下游,为下游固体燃料的热解提供热量。比较位置 1~3 的温度场,三者并没有较大差别,相对来说,位置 3 的高温区更大,温度更高,会影响到燃面退移速率。

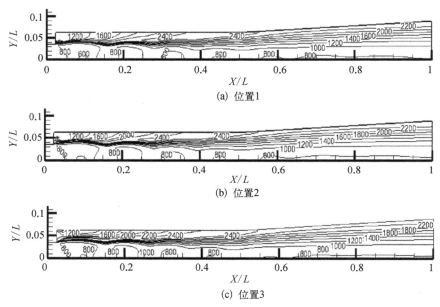

图 5.20　不同喷射位置处的温度场(单位: K)

三种不同喷射位置处的马赫数分布如图 5.21 所示。由于燃气质量流的加入,加质流与主流的交界处形成了一道剪切层,缩小了燃气扩张的角度,膨胀波在打到剪切层后发生反射形成激波,燃气质量流的加入有效改善了燃烧室内的激波系,减小了能量损失。在经过若干道激波后,主流以超过 $Ma\ 2$ 的速度喷出。由图 5.21 可知,虽然喷射位置不同,但是燃烧室内的马赫数分布并没有较大差别。

不同喷射位置处的壁面压力分布曲线如图 5.22 所示,由图可知,由于高温燃气的存在,等直段压力变化较平稳,先缓慢升高后降低,这主要是因为激波系

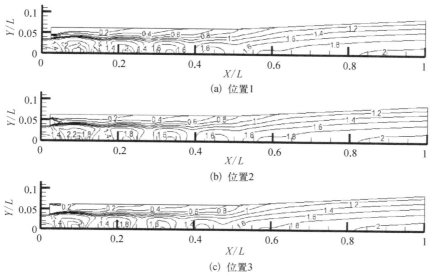

图 5.21　不同喷射位置处的马赫数分布

在加质流和主流发生化学反应的地方就发生了反射,并没有打到壁面上。随着富燃燃气喷射位置沿着径向逐渐向外侧移动,等直段内的壁面压力先下降后升高,这是因为燃气喷射位置不同时,限制气流膨胀的剪切层长度有所差异,导致气流到达固体燃料壁面的位置不同。相比喷射位置 1 的流场,喷射位置 2 处的回流较多,回流对主流和热解气体的卷吸效果会进一步影响到下

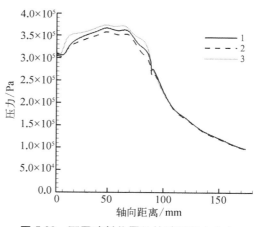

图 5.22　不同喷射位置处的壁面压力分布

游固体燃料的壁面压力分布。在喷射位置 3 处,壁面与喷射点处的空间狭小,对热解气体的流动阻碍较大,热解气体不能及时逸出,同时高温燃气射流的动量直接注入壁面上,最终导致壁面压力升高。

2. 燃烧室性能对比

燃烧室性能主要在于总压损失、燃烧效率及燃面退移速率这三个参数。为了便于比较总压损失及燃烧效率,在总长为 170 mm 的燃烧室上截取 4 个截面进

行计算,分别为 140 mm、150 mm、160 mm、170 mm 处。

三种不同喷射位置处沿轴向的总压损失如图 5.23 所示,从图中可以发现,三种喷射位置处的总压损失都是沿着轴向增大的,且增长的速度相同,这是因为固体燃面壁面在不断地加质,同时热解气体也会与来流空气燃烧放热,这两个因素都会造成总压损失增大。通过横向比较可以发现,喷射位置离隔离段的径向距离越大,总压损失就越大,这是因为喷射位置离隔离段的径向距离越大,高温燃气形成的自由剪切层对来流空气膨胀的束缚越小,在下游反射形成的激波就越强,造成的总压损失也就越大。

三种不同喷射位置处沿轴向的燃烧效率如图 5.24 所示,由图可知,随着加质位置向外侧逐渐移动,燃烧效率呈现先增加后减小的趋势。显然,位置 2 处的回流最多,涡系结构较为复杂,因此在台阶后能实现较好的掺混,掺混效率可以预示燃烧效率,因此在下游,位置 2 处的燃烧效率比其他几个加质位置要高。对于位置 1 和位置 3,虽然都有两个回流,但是位置 1 处的小回流规模没有位置 3 处大,因此掺混效率相对位置 3 来说更低,燃烧效率也更低。

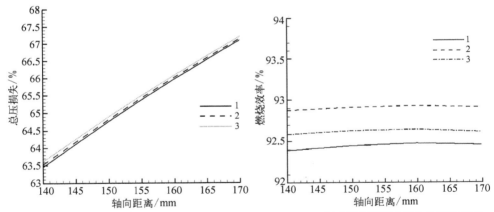

图 5.23 不同喷射位置处沿轴向的总压损失　　图 5.24 不同喷射位置处沿轴向的燃烧效率

不同喷射位置处燃烧室的燃面退移速率曲线如图 5.25 所示,三条曲线都是在 0.3~1.0 mm/s 内波动,且都是沿着轴向呈先增大后减小的趋势,这是因为在超燃冲压发动机燃烧室内,来流空气在刚进入燃烧室时只能在台阶后的自由剪切层内与可燃气体发生化学反应,但是燃烧释放的热量不能及时地通过回流区传递到固体燃料壁面,因此回流区内的固体燃料热解速率相对较低。到下游时,来流空气直接与固体燃料壁面接触,同时上游燃烧释放的热量被主流传递到下游,因此固体燃料的热解速率越来越大。到扩张段时,超声速气流需要扩张加速,其驻留时间变短,与固体燃料壁面的接触时间变少,对流换热减少,热解速率呈现下降的趋势。

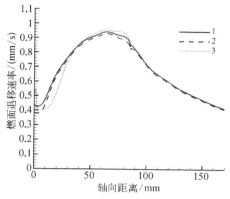

图 5.25　不同喷射位置处的燃面退移速率

喷射位置对燃面退移速率的影响主要体现在回流区部分,这部分的燃料退移速率随着喷射位置向外侧的推移而逐渐减小,主要是因为靠近外侧的回流区规模越来越小,卷吸效果越来越差,剪切层内的高温气体越来越难进入外侧的回流区。但是位置 3 处的燃面退移速率在燃烧室始端比其他喷射位置处都要大,这是因为从位置 3 处喷射出来的高温燃气直接扫过壁面,极大促进了固体燃料的热解。

5.4.3　余气系数对固体燃料燃烧的影响

在 5.4.2 节的研究基础上,取喷射位置 2 处为富燃燃气的喷射点,研究余气系数对固体燃料超燃流场的影响。与前面一致,燃气发生器出口的高温富燃燃气是 C_2H_4、CO_2 及 H_2O 的混合物,具体的各组分质量分数计算如下。

设 CO_2 质量分数为 x,则化学方程式及各组分质量分数为

$$C_2H_4 + 3O_2 \longrightarrow 2CO_2 + 2H_2O$$

$$\left(1 - \frac{62}{44}x\right) + \frac{28}{88}x,\ \frac{96}{88}x,\ x,\ \frac{18}{44}x \Rightarrow \frac{\dfrac{96}{88}x}{\left(1 - \dfrac{62}{44}x\right) + \dfrac{28}{88}x} = \frac{96}{28} \times \alpha \qquad (5.6)$$

式中,α 为富燃燃气余气系数。

简化得

$$x = \frac{88\alpha}{28 + 96\alpha} \qquad (5.7)$$

不同余气系数对应的参数如表 5.2 所示,出口燃气温度是通过热力学软件换算出来的。在进行数值计算时,将这些边界条件应用到算例中,即可以模拟出不同余气系数对应的高温富燃燃气。

表 5.2　不同余气系数对应的参数

余气系数	C_2H_4质量分数/%	CO_2质量分数/%	H_2O质量分数/%	燃气温度/K
1/3	31	49	20	1 742
1/5	47	37	16	1 367
1/7	58	30	12	1 247
1/9	65	25	10	1 171
1/11	69	22	9	1 171

1. 流场特性

由于燃烧室结构并没有改变,不同余气系数下的燃烧室流场结构与图 5.18 中位置 2 处的流场大致相同,此处不再赘述。

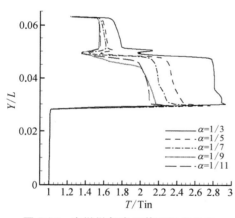

图 5.26　富燃燃气出口截面温度分布

图 5.26 所示为富燃燃气出口截面的温度分布情况,直观地反映了不同余气系数的高温富燃燃气对回流区及主流的影响。图中,纵轴用燃烧室长度无量纲化,横轴用来流温度无量纲化。首先,温度沿径向不变,与来流温度相同,然后急剧上升,随后又逐渐下降,至壁面处大致维持为 1.2 倍的来流温度。其中,$Y/L = 0.027 \sim 0.032$ 处,温度急剧上升,主要是因为在剪切层内及剪切层外侧发生了化学反应,释放了热量。在 $Y/L = 0.05$ 处有很明显的温度波动,这主要是因为高温燃气的温度与周围气体的温度不一致。总体而言,高温富燃燃气可以提高回流区内的温度,同时喷射出的燃料还可以与来流空气反应,进一步提高温度。

不同余气系数下的近壁面温度分布如图 5.27 所示,其中横轴用燃烧室长度无量纲化,纵轴用来流温度无量纲化。上游发生化学反应的热量被气流带到下游进行释放,因此温度沿流向逐渐升高。同一位置处,余气系数越大,温度越低,反之越高,这主要与上游的高温富燃燃气温度有关。由于燃烧室结构一致,不同余气系数下所经历的流场变化大致相同,温升也大致相同。因此,喷射出的富燃燃气温度越高,即初温越高,其下游的温度相对来说也就越高。当 ER = 9、11

时,虽然两者对应的余气系数不同,但是出口燃气温度是相同的,因此近壁面温度分布曲线基本重合。

2. 燃烧室性能

不同余气系数下的总压损失如图 5.28 所示,由图可知,几种情况下的总压损失均呈现逐渐增大的趋势,到燃烧室出口处大致达到 68%。随着余气系数的增加,燃烧室的总压损失越来越大,这主要是因为来流空气中的氧气含量是一定的,能够消耗的富燃燃气质量流量也是一定的,在喷射的高温燃气质量流量一定的情况下,余气系数越大,富燃燃气质量流量越大,发生化学反应后剩下的燃气质量流量也就越多,加质造成的总压损失也就越大。

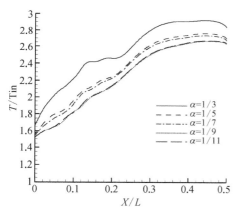

图 5.27　不同余气系数下的近壁面温度分布

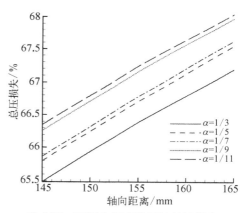

图 5.28　不同余气系数下的总压损失

不同余气系数下的燃烧效率如图 5.29 所示,显然,余气系数越高,燃烧效率越低,主要原因是在加质流量相同的情况下,余气系数较小时产生的燃料较多,而来流空气消耗燃料的能力有限。因此,余气系数较小时会产生较多富余的燃料,导致截面上的燃烧效率降低。

不同余气系数下的燃面退移速率如图 5.30 所示,由图可知,几种情况下的燃面退移速率均呈现先增大后减小的趋势,但是在 $X/L=0\sim0.2$ 部分,燃面退移速率出现了振荡上升的趋势,这说

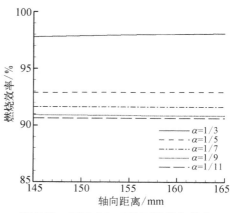

图 5.29　不同余气系数下的燃烧效率

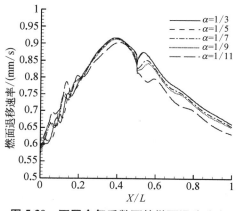

图 5.30　不同余气系数下的燃面退移速率

明台阶后喷射出的高温富燃燃气会对回流区的流场产生扰动,到下游时,扰动基本消失,燃面退移速率也逐渐稳步上升。当气流经过扩张段后发生膨胀时,会再次发生扰动,燃面退移速率也出现了轻微的振荡。横向比较可以发现,不同余气系数下的燃面退移速率差异并不是很大,差异主要体现在扩张段,在此段,余气系数越大,燃面退移速率越大,反之越小,这主要是因为余气系数越大,流场的高温区较高,边界层内的热解的固体燃料也相对较少,因此余气系数较大时,燃面退移速率较大。

5.4.4　质量流量对固体燃料燃烧的影响

在 5.4.3 节的基础上,选取台阶后靠近固体燃料壁面一侧的喷射位置,即位置 3 作为高温富燃燃气喷射点,富燃燃气余气系数选 1/5,通过改变喉径来改变质量流量,研究质量流量对固体燃料燃烧的影响。本节中,高温富燃燃气的质量流量选取如下:12 g/s、24 g/s、48 g/s。

1. 流场特性

高温富燃燃气的喷射点位置相同,所以整个燃烧室的宏观流场相差不大,但是在局部有所差异。不同质量流量下的回流区流线放大图如图 5.31 所示。随着质量流量的增加,高温富燃燃气的动量增大,在来流空气动量不变的情况下,其喷射的距离也就越远,能够形成的回流规模自然也就越来越大,因此回流区随着质量流量的增大而增大,同时来流空气的扩张角也越来越小。但是由于喷射位置不变,三种情况下的回流结构是不变的,即外侧顺时针回流、内侧逆时针回流,且两个回流之间的相对位置没有发生变化。

燃烧室中乙烯(C_2H_4)的摩尔质量分布如图 5.32 所示,由图可知,当高温富燃燃气质量流量较小时,乙烯主要集中在等直段内,随着质量流量的增大,乙烯向下游渗透得越来越深,当质量流量为 24 g/s 时,扩张段中出现了乙烯;当质量流量为 48 g/s 时,乙烯遍布整个燃烧室的壁面。以上说明,高温富燃燃气的质量流量大小对其渗透深度有较大影响。

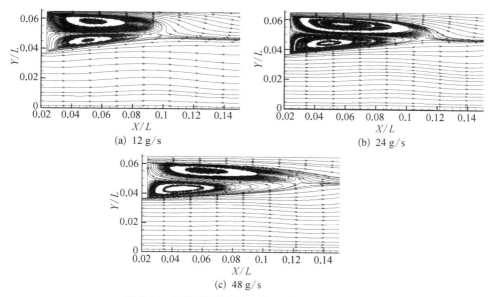

图 5.31　不同质量流量下的回流区流线放大图

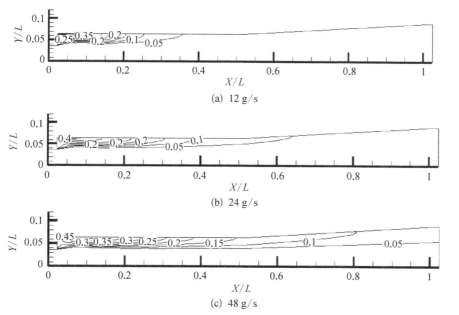

图 5.32　不同质量流量下乙烯的摩尔质量分布

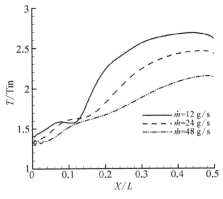

图 5.33　不同质量流量下的等直段近
固体燃料壁面温度分布

不同质量流量下的等直段近固体燃料壁面的温度分布如图 5.33 所示,其中纵轴用来流温度无量纲化,横轴用燃烧室长度无量纲化。由图可知,三种情况下的温度均呈现上升趋势,但是高温富燃燃气的质量流量越高,其近壁面温度越低,反之则越高,这说明过多的高温富燃燃气使得局部的余气系数减小,反而降低了混合气体的温度,同时还造成了富余的燃气。

2. 燃烧室性能

如图 5.34 所示,富燃燃气的质量流量不同时,造成的总压损失也有差别,质量流量越大,总压损失越小,反之总压损失越大。这主要是因为富燃燃气质量流量的大小决定了回流区的大小,进而影响了来流空气的膨胀角,膨胀角越大,在下游形成的反射激波就越强。虽然加质会造成一定的总压损失,但是其在影响总压损失的因素中占次要地位,而膨胀角占主要地位。因此,富燃燃气的质量流量越大,来流空气的膨胀角越小,总压损失越小,反之越大。

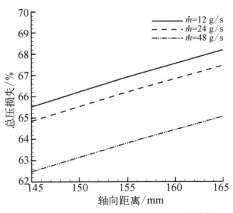

图 5.34　不同质量流量下的总压损失

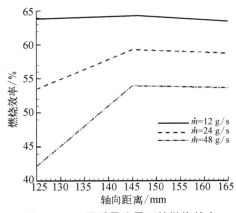

图 5.35　不同质量流量下的燃烧效率

不同质量流量下的燃烧效率如图 5.35 所示,图中三条曲线均呈现先上升后基本维持在一个恒定值附近不变的趋势。当高温富燃燃气质量流量增大时,燃烧效率反而下降,这是因为可供反应的燃气变多了,但是局部的氧气有限,导致局部产生富余的燃气,没有氧化剂可供反应,所以燃烧效率反而下降,这说明富燃燃气的质量流量越小,反应得就越充分。

　　燃烧室的燃面退移速率如图 5.36 所示,由图可知,三种情况下的燃面退移速率均呈现先上升一部分,然后维持一小段时间,随后继续上升,至峰值后逐渐下降的趋势。在 $X/L = 0 \sim 0.1$ 这部分,燃面退移速率以一个恒定值维持不变,主要是因为出口的高温富燃燃气提供了一个稳定的高温热源,向固体燃料壁面传递热量,供其热解。随着质量流量的增大,燃面退移速率也越来越大。虽然质量流量较小时,化学反应更充分,壁面温度更高,但是其影响的范围有限,如 $\dot{m} = 12$ g/s 时,其主要影响区域在喷射点至等直段中段。虽然质量流量较大时,化学反应较不充分,壁面温度相对较低,但

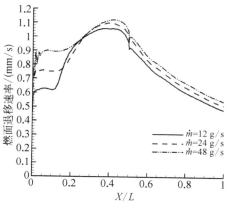

图 5.36　不同质量流量下的燃面退移速率

是其影响范围较广,如 $\dot{m} = 48$ g/s 时,其主要影响区域横贯整个燃烧室的固体燃料壁面,所以燃面退移速率更大。

参 考 文 献

[1] 李建林.临近空间高超声速飞行器发展研究[M].北京：中国宇航出版社,2012.

[2] William H, David P, Daniel D, et al. Hypersonic air-breathing propulsion[M]. Washington：American Institute of Aeronautics and Astronautics, 1994.

[3] Segal C. The scramjet engine：progress and characteristics[M]. Cambridgeshire：Cambridge University Press, 2009.

[4] 徐大军,蔡国飙.高超声速飞行器技术[M].北京：科学出版社,2012.

[5] 牛文,李文杰,叶蕾.X－37B 在轨 469 天后成功返航[J].飞航导弹,2012(8)：7－10.

[6] Walker S, Sherk J, Shell D, et al. The DARPA/AF falcon program：the hypersonic technology vehicle－2 (HTV－2) flight demonstration phase[C]. 15th AIAA International Space Planes and Hypersonic Systems and Technologies Conference, Dayton, 2008.

[7] Marshall L, Bahm C, Corpening G. Overview with results and lessons learned of the X－43A Mach 10 flight AIAA/CIRA[C]. 13th International Space Planes and Hypersonics Systems and Technologies Conference, Capua, 2005.

[8] Marshall L, Corpening G, Sherrill R. A chief engineer's view of the NASA X－43A scramjet flight test AIAA/CIRA[C]. 13th International Space Planes and Hypersonics Systems and Technologies Conference, Capua, 2005.

[9] Hank J, Murphy J, Mutzman R. The X－51A scramjet engine flight demonstration program [C]. 15th AIAA International Space Planes and Hypersonic Systems and Technologies Conference, Dayton, 2008.

[10] 温杰.美国海军的 HyFly 计划[J].飞航导弹,2008(12)：10－13.

[11] 朱爱平,马凌.HyFly 项目简介[J].飞航导弹,2010(5)：39－42,47.

[12] Curran E T, Murthy S N B. Scramjet propulsion[M]. Washington：American Institute of Aeronautics and Astronautics, 2001.

[13] Fry R S. A century of ramjet propulsion technology evolution[J]. Journal of Propulsion and Power, 2004, 20(1)：27－58.

[14] Weber R J, Mackay J S. An analysis of ramjet engines using supersonic combustion[R]. Washington：National Advisory Committee for Aeronautics, 1958.

[15] Ferri A, Libby PA, Zakkay V. Theoretical and experimental investigations of supersonic combustion[J]. High Temperatures in Aeronautics, 1964, 150(6)：55－118.

[16] Billig F S. Research on supersonic combustion[J]. Journal of Propulsion and Power, 1993,

9(4): 499 − 514.

[17] Billig F S. Combustion processes in supersonic flow[J]. Journal of Propulsion and Power, 1998, 8(4): 209 − 216.

[18] 袁生学.论超声速燃烧[J].中国科学(A辑),1998(8): 735 − 742.

[19] Billig F S,高爱东.SCRAM −以超燃冲压发动机为动力装置的导弹[J].飞航导弹,1994 (6): 40 − 48.

[20] Billig S F. Supersonic combustion ramjet missile[J]. Journal of Propulsion and Power, 1995, 11(6): 1139 − 1146.

[21] Starkey, Peter R. Investigation of air-breathing, hypersonic missile configurations within external box constraints[D]. Maryland: University of Maryland, 2000.

[22] Koelle D. Advanced two-stage launch vehicle concepts (Saenger)[C]. 26th Joint Propulsion Conference, Orlando, 1990.

[23] Hirschel E H. Aerothermodynamics and propulsion integration in the Saenger technology programme[C]. 3rd International Aerospace Planes Conference, Orlando, 1991.

[24] Lederer R, Schwab R, Voss N. Hypersonic air-breathing propulsion activities for Saenger [C]. 3rd International Aerospace Planes Conference, Orlando, 1991.

[25] Weingertner S. SAENGER — The reference concept of the German Hypersonics Technology Program[C]. 5th International Aerospace Planes and Hypersonics Technologies Conference, Munich, 1993.

[26] Hirschel E, Arlinger B, Lind I, et al. German-Scandinavian cooperation in the field of aerothermodynamics of the german hypersonics technology programe [C]. International Aerospace Planes and Hypersonics Technologies, Chattanooga, 1995.

[27] Falempin F, Forrat B. The fully reusable launcher: a new concept asking new visions[C]. 12th AIAA International Space Planes and Hypersonic Systems and Technologies, Norfolk, 2003.

[28] Roudakov A, Semenov V, Hicks J. Recent flight test results of the joint CIAM − NASA Mach 6.5 scramjet flight program[C]. 8th AIAA International Space Planes and Hypersonic Systems and Technologies Conference, Norfolk, 1998.

[29] 葛运圻.超燃冲压发动机燃烧室的积分分析方法[J].推进技术,1988(1): 79 − 85.

[30] 刘陵,张榛.超音速燃烧冲压发动机最佳设计参数[J].推进技术,1988(1): 72 − 78.

[31] 刘陵,张榛,牛海发,等.超音速燃烧室燃烧效率数学模型及气流状态参数的计算[J].推进技术,1989(2): 1 − 7.

[32] 刘陵,张榛,唐明,等.氢燃料超音速燃烧室实验研究[J].航空动力学报,1991,6(3): 267 − 270.

[33] 刘兴洲,刘敬华.超声速实验研究(Ⅰ)[J].推进技术,1991,12(2): 1 − 8.

[34] 刘兴洲,刘敬华.超声速实验研究(Ⅱ)[J].推进技术,1993,14(4): 1 − 7.

[35] 胡欲立,刘陵,刘敬华.超音速混合及燃烧的强化技术[J].推进技术,1994(5): 23 − 27.

[36] 刘敬华,刘兴洲,胡欲立,等.超音速气流中氢燃料强化混合的燃烧实验研究[J].推进技术,1996(1): 1 − 7.

[37] 朱守梅,刘陵,刘敬华.超音速气流中横向喷射氢气流场数值模拟[J].推进技术,1993

（2）：1 - 7.

[38] 胡欲立,刘陵,张榛等.超音速燃烧二元流场的数值模拟[J].推进技术,1995(4)：7 - 13.

[39] 梁剑寒,王承尧.超燃发动机燃烧室流场的数值模拟[J].推进技术,1996(1)：13 - 17.

[40] 刘陵,张榛,胡欲立,等.台阶后横喷氢气超音速燃烧流场数值模拟研究[J].推进技术,
1996(2)：1 - 7.

[41] 杨爱国,刘陵,唐明,等.模型超音速燃烧室流场和性能的数值模拟[J].推进技术,1996
(6)：1 - 5.

[42] Hirschel E, Arlinger B, Lind I, et al. German-Scandinavian cooperation in the field of
aerothermodynamics of the German Hypersonics Technology Programe [C]. 6th AIAA
International Aerospace Planes and Hypersonics Technologies Conference, Chattanooga,
1995.

[43] 沈剑,王伟.国外高超声速飞行器研制计划[J].飞航导弹,2006(8)：1 - 9.

[44] 赵庆华,刘建全,王莉莉,等.固体燃料的超声速燃烧研究进展[J].飞航导弹,2009(10)：
59 - 63.

[45] 吕仲,夏智勋,刘冰,等.采用固体燃料的超燃冲压发动机研究进展[J].航空动力学报,
2016,31(8)：1973 - 1983.

[46] Li C, Xia Z, Ma L, et al. Experimental and numerical study of solid rocket scramjet
combustor equipped with combined cavity and strut device[J]. Acta Astronautica, 2019,
162：145 - 154.

[47] Witt M A. An Investigation into the feasibility of using solid fuel ramjets for high supersonic/
low hypersonic tactical missiles[D]. Monterey：Naval Postgraduate School, 1989.

[48] Angus W J. An investigation into the performance characteristics of a solid fuel scramjet
propulsion device[D]. Monterey：Naval Postgraduate School, 1991.

[49] Ben-Yakar A, Gany A. Experimental study of a solid fuel scramjet[C]. 30th AIAA/ASME/
SAE/ASEE Joint Propulsion Conference, Indianapolis, 1994.

[50] Ben-Yakar A, Natan B, Gany A. Investigation of a solid fuel scramjet combustor[J]. Journal
of Propulsion and Power, 1998, 14(4)：447 - 455.

[51] Cohen-Zur A, Natan B. Experimental investigation of a supersonic combustion solid fuel
ramjet[J]. Journal of Propulsion and Power, 1998, 14(6)：880 - 889.

[52] 刘巍.固体燃料冲压发动机燃烧组织技术研究[D].北京：国防科学技术大学,2010.

[53] 夏强.固体燃料冲压发动机工作过程研究[D].南京：南京理工大学,2011.

[54] Helmy A. Performance of polycubanes in solid fuel ramjet [C]. 29th Joint Propulsion
Conference and Exhibit, Monterey, 1993.

[55] Segal C, Friedauer M J, Udaykumar H S, et al. Ignition characteristics of a new high-energy
density fuel in high-speed flows [J]. Journal of Propulsion and Power, 1997, 12(14)：
762 - 766.

[56] Saraf S, Gany A. Testing metallized solid fuel scramjet combustor[C]. 18th International
Symposium on Air Breathing Engines, Reston, 2007.

[57] Saraf S. Aluminized solid fuel combustion in ramjets and scramjets[D]. Haifa：Israel Institute
of Technology, 2013.

［58］ Char J M, Hsu U K. Observation of solid fuel in a supersonic flowfield ［C］. 13th International Conference on Computational Methods and Experimental Measurements, Prague, 2007.

［59］ Hsu U K. Numerical and experimental investigation of a supersonic flow field around solid fuel on an inclined flat plate［J］. Modelling and Simulation in Engineering, 2009(2): 823874.

［60］ Jarymowycz T, Yang V, Kuo K K. A numerical study of solid fuel combustion under supersonic crossflows ［C］. 26th AIAA/SAE/ASME/ASEE Joint Propulsion Conference, Orlando, 1990.

［61］ Ben-Arosh R, Natan B, Spiegler E, et al. The reacting flowfield within a supersonic combustion solid fuel ramjet ［C］. 33rd Joint Propulsion Conference and Exhibit, Seattle, 1997.

［62］ Ben-Arosh R, Natan B, Spiegler E, et al. Fuel-air mixing in solid fuel scramjet combustors ［J］. International Journal of Turbo Jet Engines, 1998, 15: 223 − 234.

［63］ Simone D, Bruno C. LiH as fuel for solid fuelled scramjet engines［C］. 47th AIAA Aerospace Sciences Meeting Including the New Horizons Forum and Aerospace Exposition, Florida, 2009.

［64］ Simone D, Bruno C. Preliminary investigation on lithium hydride as fuel for solid-fueled scramjet engines［J］. Journal of Propulsion and Power, 2009, 25(4): 875 − 884.

［65］ McDonald B, Rice J. Solid fuel ramjet fuel optimization for maximum impulse-density with respect to air to fuel ratio and relative fuel regression rates derived from thermogravimetric analysis［J］. Aerospace Science and Technology, 2019, 86: 478 − 486.

［66］ 王宁飞,刘昶秀,魏志军.固体燃料超燃冲压发动机燃速研究进展［J］.航空动力学报, 2014,29(3): 727 − 736.

［67］ Pei X, Wu Z, Wei Z, et al. Numerical investigation on cavity length for solid fuel scramjet ［C］. 48th AIAA/ASME/SAE/ASEE Joint Propulsion Conference and Exhibit, Atlanta, 2012.

［68］ 陶欢,魏志军,武志文,等.固体燃料超燃冲压发动机燃烧室流动与掺混过程研究［J］.飞航导弹,2012(8): 75 − 79.

［69］ 杨明,孙波.固体燃料超燃冲压发动机燃烧室的数值仿真［J］.兵工自动化,2012,32(1): 37 − 41.

［70］ 刘伟凯,陈林泉,杨向明.固体燃料超燃冲压发动机燃烧室掺混燃烧数值研究［J］.固体火箭技术,2012,35(4): 457 − 462.

［71］ 杨明.固体燃料超燃冲压发动机内流场研究［D］.南京: 南京理工大学,2012.

［72］ 迟鸿伟,魏志军,王利和,等.固体燃料超燃冲压发动机燃烧室中火焰稳定性数值研究 ［J］.推进技术,2015,36(10): 1495 − 1503.

［73］ 迟鸿伟,魏志军,李彪,等.台阶和凹腔在固体燃料超燃冲压发动机内自点火性能对比 ［J］.固体火箭技术,2014(5): 628 − 633, 639.

［74］ 迟鸿伟,魏志军,王利和,等.固体燃料超燃冲压发动机燃烧室中 PMMA 自点火性能数值研究［J］.推进技术,2014,35(6): 799 − 808.

［75］ Chi H, Wei Z, Wang L, et al. Numerical investigation of self-ignition characteristics of solid-fuel scramjet combustor[J]. Journal of Propulsion and Power, 2015, 31(4): 1019 - 1032.

[76] 迟鸿伟,魏志军,李彪,等.燃烧室构型对固体燃料超燃冲压发动机自点火的影响[J].航空动力学报,2016,31(8): 1985 - 1994.

[77] 王利和,武志文,迟鸿伟,等.固体燃料超燃冲压发动机燃烧室流场准一维计算方法研究[J].固体火箭技术,2013,36: 742 - 747.

[78] 王利和,武志文,迟鸿伟,等.不同台阶高度下固体燃料超燃冲压发动机燃烧室初始型面变化规律[J].推进技术,2013, 34(11): 1493 - 1498.

[79] Wang L, Chi H, Liu C, et al. Numerical and experimental study of solid fuel scramjet combustor with a cavity flame holder[C]. 50th AIAA/ASME/SAE/ASEE Joint Propulsion Conference, Cleveland O H, 2014.

[80] Wang L, Wu Z, Chi H. Numerical and experimental study on the solid-fuel scramjet combustor[J]. Journal of Propulsion and Power, 2014, 31(2): 685 - 693.

[81] 王利和,武志文,刘昶秀,等.入口气流参数对固体燃料超燃冲压发动机燃烧室性能的影响分析[J].兵工学报,2014: 35(5): 691 - 696.

[82] Wang L H, Li S P, Chi H W, et al. Quasi-one-dimensional numerical method for solid fuel scramjet combustor analysis and design[J]. Journal of Aerospace Engineering, 2015, 28(3): 1 - 7.

[83] 杨向明,刘伟凯,陈林泉,等.固体燃料超燃冲压发动机原理性试验研究[J].固体火箭技术,2012,35(3): 319 - 324.

[84] 李彪,迟鸿伟,王利和,等.固体燃料超燃冲压发动机燃烧室初步实验研究[J].推进技术,2016,37(4): 726 - 732.

[85] 李彪,魏志军,迟鸿伟,等.进气道内压缩比对固体燃料超燃冲压发动机性能的影响[J].航空动力学报,2016(2): 459 - 466.

[86] Zhao X, Xia Z, Liu B, et al. Numerical study on solid-fuel scramjet combustor with fuel-rich hot gas[J]. Aerospace Science and Technology, 2018, 77: 25 - 33.

[87] Vaught C, Witt M, Netzert D, et al. Investigation of solid-fuel, dual-mode combustion ramjets[J]. Journal of Propulsion and Power, 1992, 8(5): 1004 - 1011.

[88] 孙海刚,贺永杰.双燃烧室固体燃料超声速燃烧研究[J].弹箭与制导学报,2014,34(4): 125 - 128.

[89] 徐东来,孙振华.固体燃料双燃烧室冲压发动机研究[J].弹箭与制导学报,2017,37(3): 67 - 70.

[90] Lv Z, Xia Z, Liu B, et al. Experimental and numerical investigation of a solid-fuel rocket scramjet combustor[J]. Journal of Propulsion and Power, 2016, 32(2): 273 - 278.

[91] Lv Z, Xia Z, Liu B, et al. Preliminary experimental study on solid-fuel rocket scramjet combustor[J]. Journal of Zhejiang University-Science A (Applied Physics & Engineering), 2017, 18(2): 106 - 112.

[92] 李轩,马利锋,赵永涛,等.固体火箭超燃冲压发动机性能数值模拟研究[J].弹箭与制导学报,2014(1): 104 - 107,161.

[93] 刘仔,陈林泉,吴秋.固体火箭超燃冲压发动机燃烧特性分析[J].弹箭与制导学报,2017, 37(4): 84 - 87.

［94］ 刘仔,陈林泉,吴秋,等.固体火箭超燃冲压发动机补燃室构型的影响分析[J].固体火箭技术,2017(4)：432－436.

［95］ Liu Y, Gao Y, Chai Z, et al. Mixing and heat release characteristics in the combustor of solid-fuel rocket scramjet based on DES[J]. Aerospace Science and Technology, 2019, 94：105391.

［96］ Liu Y, Dong M, Benshuai F, et al. Direct numerical simulation of fine flow structures of subsonic-supersonic mixing layer[J]. Aerospace Science and Technology ,2019, 95：105431.

［97］ Gao Y, Liu Y, Chai Z, et al. Influence of lobe geometry on mixing and heat release characteristics of solid fuel rocket scramjet combustor[J]. Acta Astronautica, 2019, 164：212－229.

［98］ 高勇刚,刘洋,余晓京,等.固体火箭燃气超燃冲压发动机燃烧组织技术研究[J].推进技术,2019,40(1)：140－150.

［99］ Salgansky E A, Lutsenko N A, Levin V A, et al. Modeling of solid fuel gasification in combined charge of low-temperature gas generator for high-speed ramjet engine[J]. Aerospace Science and Technology, 2019, 84：31－36.

［100］ Li C, Xia Z, Ma L, et al. Numerical study on the solid fuel rocket scramjet combustor with cavity[J]. Energies, 2019, 12(7)：1－17.

［101］ 鲍文,牛文玉,陈林泉,等.固体火箭冲压发动机燃气流量调节特性[J].推进技术,2007(4)：433－436.

［102］ 鲍文,牛文玉,陈林泉,等.固体火箭冲压发动机燃气发生器及燃气流量调节阀建模及仿真[J].固体火箭技术,2008(6)：569－574.

［103］ Gordon S, Mcbride B J. Computer program for calculation of complex chemical equilibrium compositions and applications. part 1：analysis[R]. NASA Reference Publication, 1994.

［104］ 章明川,于娟.考虑碳粒表面还原反应的移动火焰锋面(MFF)模型[J].工程热物理学报,2004,25(3)：511－514.

［105］ 张健,章明川,于娟,等.移动火焰锋面(MFF)模型火焰锋面确定条件的进一步改进[J].工程热物理学报,2007,28(2)：153－156.

［106］ 张健,章明川,于娟,等.移动火焰锋面(MFF)模型的理论对比与实验验证[J].工程热物理学报,2010,31(1)：157－160.

［107］ 王德全.固体火箭发动机补燃室粒子沉积与绝热层烧蚀过程研究[D].长沙：国防科技大学,2009.

［108］ Wang T, Yang Y, Wang Z, et al. Experimental and numerical investigation on initial flame kernel blow-out in a supersonic combustor with a rear-wall-expansion cavity flameholder[J]. Acta Astronautica, 2019, 164：358－365.

［109］ 薛群,徐向东.固体火箭发动机测试与试验技术[M].北京：中国宇航出版社,1994.

［110］ 吕仲.固体火箭超燃冲压发动机理论与试验研究[D].长沙：国防科技大学,2017.

［111］ 胡建新,张为华,夏智勋,等.冲压推进技术[M].长沙：国防科技大学出版社,2013.